農業簿記検定
教科書

1級（管理会計編）

大原出版

はじめに

　わが国の農業は、これまで家業としての農業が主流で、簿記記帳も税務申告を目的とするものでした。しかしながら、農業従事者の高齢化や耕作放棄地の拡大など、わが国農業の課題が浮き彫りになるなか、農業経営の変革が求められています。一方、農業に経営として取り組む農業者も徐々に増えてきており、農業経営の法人化や6次産業化が着実にすすみつつあります。

　当協会は、わが国の農業経営の発展に寄与することを目的として平成5年8月に任意組織として発足し、平成22年4月に一般社団法人へ組織変更いたしました。これまで、当協会では農業経営における税務問題などに対応できる専門コンサルタントの育成に取り組むとともに、その事業のひとつとして農業簿記検定に取り組んできており、このたびその教科書として本書を作成いたしました。

　本来、簿記記帳は税務申告のためにだけあるのではなく、記帳で得られる情報を経営判断に活用することが大切です。記帳の結果、作成される貸借対照表や損益計算書などの財務諸表から問題点を把握し、農業経営の発展のカギを見つけることがこれからの農業経営にとって重要となります。

　本書が、農業経営の発展の礎となる農業簿記の普及に寄与するとともに、広く農業を支援する方々の農業への理解の一助となれば幸いです。

一般社団法人　全国農業経営コンサルタント協会

会長　森　剛一

農業簿記検定教科書
1級（管理会計編）
目　次

第１章　短期利益計画のための管理会計

第1節　短期利益計画の基礎

1．利益計画の意義

　一般的な製造業等の企業の管理会計における**利益計画**とは、企業全体の目標利益を設定し、目標利益の獲得を目的として、企業活動を指導・調整・管理するために業務・財務活動を計画するものである。利益計画は、それを設定する期間に基づいて短期利益計画と中長期利益計画に分類できる。**短期利益計画**は1年以内の期間について設定する利益計画であり、**中長期利益計画**は1年を超える3年〜5年について設定する利益計画である。一般的に利益計画というと短期利益計画を指す。

　農企業や農家においても、短期の利益計画を実施することは極めて重要であり、また中長期の利益計画の立案も重要である。近年の不確実な農業環境の下においては、利益計画の重要性は高まっているということができる。

2．中期経営計画と短期利益計画

　一般的に企業は、企業の**ビジョン**を**策定**し、ビジョンを実現するために戦略的計画や中期経営計画を設定する。**戦略的計画**は、企業目標を実現するためのシナリオでありプロジェクト計画として示される。**中期経営計画**は3年〜5年のプロジェクトを総合調整し期間計画とした経営計画である。

　中期経営計画は、企業経営の方向性を示すものであり、中期経営計画を達成するためにより具体的な内容を示す実行計画が必要となる。その実行計画となるものが短期利益計画である。

　中期経営計画には、3年〜5年間の計画を設定し、当該期間終了後に再度3年〜5年間の計画を設定する**固定期間計画**と、計画期間中の企業環境の変化を考慮し、毎年3年〜5年間の中期経営計画を更新する**ローリング方式**がある。

　様々な不確実な環境下にある農業経営においては、特にローリング方式のように毎年度計画の修正を行っていき、短期利益計画を見直していくことが有効である場合が多いと考えられる。

【図1－1】

中期経営計画（固定期間計画）と短期利益計画

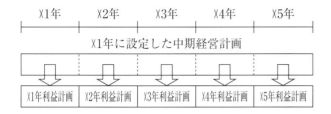

中期経営計画（ローリング方式）と短期利益計画

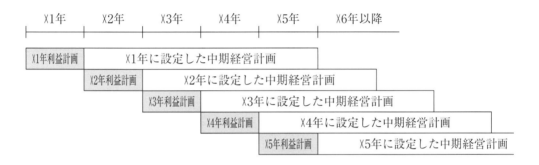

《参考文献：小林啓孝他「スタンダード管理会計」東洋経済新報社》

3．短期利益計画のプロセス

　一般的な製造業等の企業の管理会計における短期利益計画では、次期の**目標利益を設定**し、**予想利益を見積り**、予想利益が目標利益に達しない場合、**利益改善策を検討**し、それにより目標利益の確保の確認を行った後に、その**大綱的利益計画**に基づき**予算編成**が行われる。

　目標利益は、中期経営計画・競合他社の動向・経営者の意向などが考慮・反映され設定される。目標利益の設定形態（金額・利益率などの比率）や設定方法は企業によって異なることになる。

　予想利益は、中期経営計画から該当する1年分の計画を取り出し、次期の損益の見積りを行う。

　予想利益が目標利益に達しない場合、利益改善策を検討しなければならないが、利益改善策として、「営業収益を増加させる」もしくは「営業費用を減少させる」の2つの方法が考えられる。

　予想利益の見積りや、利益改善策を検討する際に、ＣＶＰ分析が用いられることになる。

　農業経営においても上記に準じて、その精粗は農業者の費用対効果を勘案しながらも、類似の手順を踏んでいくことになると解される。本章では、耕種農業を前提としてCVP分析をはじめとする短期利益計画の方法について説明を行っていく。

■ 第2節　ＣＶＰ分析（Cost-Volume-Profit Analysis）■

1．ＣＶＰ分析の意義

　損益計算における特定項目の一部を変化させた場合に、損益がどのように変化するかを分析する方法をＣＶＰ分析という。

　ＣＶＰ分析は、「過去のデータに基づき事後的に分析を行う場合」や「大綱的利益計画を設定する場合」などに利用される。

2．原価・営業量・利益の関係

　営業量を変化させた場合に、原価と利益がどのように変化するかが予測可能であれば、短期利益計画に有効となる。

　一般的な工企業において原価は、営業量との関係において変動費と固定費とに大別できる。また、売上高から変動費を控除した利益を**限界利益（貢献利益）**といい、売上高に対する限界利益の割合を**限界利益率**という。農企業においては、生産規模（作付面積）との関係において、原価を変動費と固定費に大別することになる。また、限界利益（貢献利益）を算定する際には、単なる作物の販売価額（売上高）の代わりに変動益の概念を用いることになる。変動益とは、生産規模（作付面積）の増減に応じて比例的に増減する収益を指し、営業収入に属する項目だけではなく作付助成収入も含まれることになる。

【図1－2】限界利益の考え方（一般的な工企業での具体例）

　販売単価：1,000円/個　　製品単位当たり変動費：400円/個　　固定費：300,000円
　販売数量：1,000個

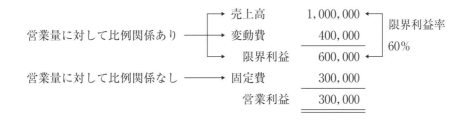

┌─【例題１−１】原価・営業量・利益の関係 ─────────────────

　　当社は稲作を行う農企業であり、生産規模（作付面積）は最大で250ａである。10
ａの農地から600kgの米が生産される見込みである。次の資料に基づき、①来期の予
定作付面積が100ａの場合、②来期の予定作付面積が150ａの場合の営業利益をそれぞ
れ算定しなさい。なお、赤字の場合には「−（マイナス）」を付しなさい。

　　変動益単価：10,000円/ａ　（60kg）

　　変動費単価：2,000円/ａ　（60kg）

　　固　定　費：1,000,000円

【解答】

①　−200,000円

②　200,000円

【解説】

①　来期の予定作付面積が100ａの場合

　　変動益　　　　10,000円/ａ×100ａ ＝　1,000,000円

　　変動費　　　　2,000円/ａ×100ａ ＝　　200,000円

　　　限界利益　　8,000円/ａ×100ａ ＝　　800,000円

　　固定費　　　　　　　　　　　　　　　1,000,000円

　　　営業利益　　　　　　　　　　　　　−200,000円

②　来期の予定作付面積が150ａの場合

　　変動益　　　　10,000円/ａ×150ａ ＝　1,500,000円

　　変動費　　　　2,000円/ａ×150ａ ＝　　300,000円

　　　限界利益　　8,000円/ａ×150ａ ＝　1,200,000円

　　固定費　　　　　　　　　　　　　　　1,000,000円

　　　営業利益　　　　　　　　　　　　　　200,000円

└──

３．ＣＶＰ分析の仮定

　　ＣＶＰ分析では、収益と費用との関係を単純化するために次のような仮定を設定する。

①　**製品単位当たり販売価格が一定であること**

②　**固定費の金額が一定であること**

③　**製品単位当たり変動費が一定であること**

④　**製品組合せの割合が一定であること**

⑤　**生産量と販売量が等しいこと**

4．損益分岐点の分析

　一般的な**損益分岐分析**とは損益が分岐する、すなわち、利益がゼロとなる売上高もしくは販売量を求める計算であり、**損益分岐点**（ＢＥＰ：Break Even Point）とは、損益が分岐する売上高もしくは販売量をいう。農業管理会計においても、損益分岐分析とは利益がゼロとなる変動益もしくは作付面積を求める計算となる。

$$損益分岐点変動益＝\frac{固定費}{限界利益率}$$

$$損益分岐点作付面積＝\frac{固定費}{作付面積当たり限界利益}$$

【例題１－２】損益分岐点の分析

　当社は稲作を行う農企業であり、生産規模（作付面積）は最大で250ａである。10ａの農地から600kgの米が生産される見込みである。次の資料に基づき、①損益分岐点となる変動益の金額および②損益分岐点の作付面積を求めなさい。

　変動益単価：10,000円/ａ　（60kg）

　変動費単価：2,000円/ａ　（60kg）

　固　定　費：1,000,000円

【解答】

① 　1,250,000円

② 　125ａ

【解説】

① 　損益分岐点変動益

　損益分岐点変動益をＳとおき、営業利益が０円となるように変動益を算定する。

変動益	S
変動費	0.2S
限界利益	0.8S
固定費	1,000,000
営業利益	0

固定費と限界利益が同額になる変動益を算定する

　0.8Ｓ＝1,000,000円

　Ｓ＝1,000,000円÷0.8

　Ｓ＝1,250,000円

② 損益分岐点作付面積

損益分岐点作付面積をQとおき、営業利益が0円となるように作付面積を算定する。

変動益	10,000Q
変動費	2,000Q
限界利益	8,000Q
固定費	1,000,000
営業利益	0

限界利益 8,000Q ← 固定費と限界利益が同額になる作付面積を算定する
固定費 1,000,000 ←

$8,000円/a × Q = 1,000,000円$

$Q = 1,000,000円 ÷ 8,000円/a$

$Q = 125a$

5．希望（目標）営業利益を達成する変動益（作付面積）の算定

$$希望営業利益達成売変動益 = \frac{希望営業利益＋固定費}{限界利益率}$$

$$希望営業利益達成作付面積 = \frac{希望営業利益＋固定費}{製品単位当たり限界利益}$$

【例題1－3】希望営業利益を達成する変動益（作付面積）の算定

当社は稲作を行う農企業であり、生産規模（作付面積）は最大で250aである。10aの農地から600kgの米が生産される見込みである。次の資料に基づき、希望営業利益を400,000円とした場合の①希望営業利益達成変動益、②希望営業利益達成作付面積をそれぞれ算定しなさい。

変動益単価：10,000円/a（60kg）

変動費単価：2,000円/a（60kg）

固　定　費：1,000,000円

【解答】

① 1,750,000円

② 175a

【解説】

① 希望営業利益達成変動益

希望営業利益達成変動益を S とおき、営業利益が400,000円となるように変動益を算定する。

変動益	S
変動費	0.2 S
限界利益	0.8 S
固定費	1,000,000
営業利益	400,000

希望営業利益と固定費の合計が限界利益と同額になる変動益を算定する

$0.8\,S = 400{,}000円 + 1{,}000{,}000円$

$S = (400{,}000円 + 1{,}000{,}000円) \div 0.8$

$S = 1{,}750{,}000円$

② 希望営業利益達成作付面積

希望営業利益達成作付面積を Q とおき、営業利益が400,000円となるように変動益を算定する。

変動益	10,000 Q
変動費	2,000 Q
限界利益	8,000 Q
固定費	1,000,000
営業利益	400,000

希望営業利益と固定費の合計が限界利益と同額になる変動益を算定する

$8{,}000円/\,a \times Q = 400{,}000円 + 1{,}000{,}000円$

$Q = (400{,}000円 + 1{,}000{,}000円) \div 8{,}000円/\,a$

$Q = 175\,a$

6．希望（目標）変動益営業利益率をあげる変動益

$$希望変動益営業利益率達成変動益 = \frac{固定費}{限界利益率 - 希望変動益営業利益率}$$

【例題1－4】希望変動益営業利益率を達成する変動益

　当社は稲作を行う農企業であり、生産規模（作付面積）は最大で250ａである。10ａの農地から600kgの米が生産される見込みである。次の資料に基づき、希望変動益営業利益率を30％とした場合の希望変動益営業利益率を達成する変動益を算定しなさい。

　　変動益単価：10,000円/ａ（60kg）

　　変動費単価：2,000円/ａ（60kg）

　　固　定　費：1,000,000円

【解答】

　2,000,000円

【解説】

　希望変動益営業利益率を達成する変動益をＳとおき、変動益営業利益率が30％となるように変動益を算定する。

変動益	Ｓ
変動費	0.2Ｓ
限界利益	0.8Ｓ
固定費	1,000,000
営業利益	0.3Ｓ

希望営業利益と固定費の合計が限界利益と同額になる変動益を算定する

　0.8Ｓ＝0.3Ｓ＋1,000,000円

　0.8Ｓ－0.3Ｓ＝1,000,000円

　　Ｓ＝1,000,000円÷(0.8－0.3)

　　Ｓ＝2,000,000円

７．損益分岐図表・限界利益図表

⑴　損益分岐図表

　縦軸に収益・費用を、横軸に変動益を示すことによって損益分岐図表を描くことができる。損益分岐図表の描き方には【図１－３】と【図１－４】の２種類がある。

　【図１－３】は固定費の上に変動費をのせて描いた損益分岐図表であり、【図１－４】は変動費の上に固定費をのせて描いた損益分岐図表である。

　【図１－３】【図１－４】ともに、総費用線と変動益線が交わる点が損益分岐点となり、その点から垂線を下ろして横軸に達した点が、損益分岐点売上高となる。

　【図１－３】より【図１－４】の方が望ましい図といえる。原価を原価態様から分類すると、変動費と固定費に分類できるが、これを原価発生源泉の観点から捉えると、変動費は業務活動原価（アクティビティ・コスト）であるといえ、業務活動原価は通常、短期現金支出原価である。それに対し、固定費は能力原価（キャパシティ・コスト）であるといえ、能力原価の多くは長期非現金支出原価である。

　それゆえ、連続反復的に企業活動を行うためには、まず変動益から変動費を回収しなければならず、その残りである限界利益によって固定費を回収し利益を上げる必要がある。そのような考え方を図表としたものが【図１－４】となる。

　このように、短期利益計画において中心的な役割を果たす利益概念が限界利益であり、限界利益は固定費を回収し利益を生み出す貢献額となる。

【図１－３】

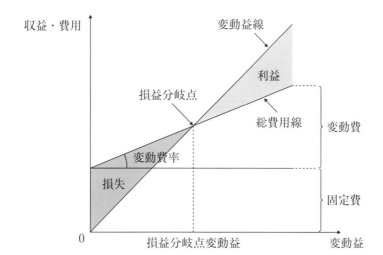

【図 1 － 4 】

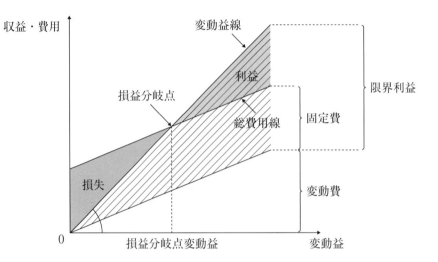

(2)　**限界利益図表**

　縦軸に利益・損失を、横軸に変動益を示すことによって限界利益図表を描くことができる。限界利益図表は限界利益の重要性を明確に示すために損益分岐図表（【図 1 － 4 】）を変形したものである。

【図 1 － 5 】

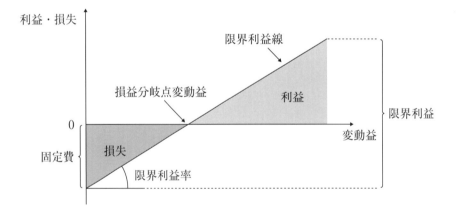

8．安全（余裕）率・損益分岐点比率

　安全（余裕）率とは、損益分岐点が予定される変動益からどの程度離れているかを示す指標であり、数値が大きいほど安全であるといえる。

$$安全（余裕）率＝\frac{{}^{*}安全余裕額}{変動益}$$

＊：安全余裕額＝変動益－損益分岐点変動益

　損益分岐点比率とは、損益分岐点変動益と予定される変動益との比であり、１－安全（余裕）率となる。

$$損益分岐点比率＝\frac{損益分岐点変動益}{変動益}$$

【図１－６】

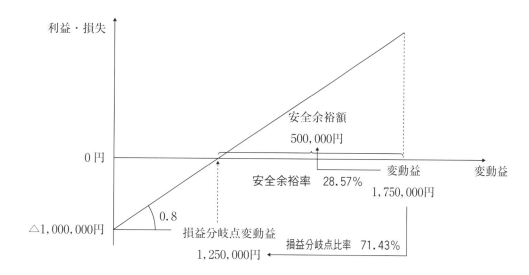

【例題 1 － 5】安全（余裕）率・損益分岐点比率

　当社は稲作を行う農企業であり、生産規模（作付面積）は最大で250 a である。10 a の農地から600kgの米が生産される見込みである。次の資料に基づき、①安全（余裕）率および②損益分岐点比率を算定しなさい。なお、端数が生じる場合には、％以下第3位を四捨五入して％以下第2位までで答えなさい。

　　変 動 益 単 価：10,000円/ a　（60kg）

　　変 動 費 単 価：2,000円/ a　（60kg）

　　固　　定　　費：1,000,000円

　　予定作付面積：175 a

【解答】

①　28.57％

②　71.43％

【解説】

1．予定変動益の算定

　　10,000円/ a ×175 a ＝1,750,000円

2．損益分岐点変動益の算定

　　限界利益率：（10,000円/ a －2,000円/ a ）÷10,000円/ a ＝80％

　　損益分岐点変動益：1,000,000円÷80％＝1,250,000円

3．安全（余裕）率の算定

　　安全余裕額：1,750,000円－1,250,000円＝500,000円

　　安全余裕率：500,000円÷1,750,000円＝28.571…％≒28.57％

（％以下第3位四捨五入）

4．損益分岐点比率

　　1,250,000円÷1,750,000円＝71.428…％≒71.43％　または　100％－28.57％
　　＝71.43％

9．経営レバレッジ係数

経営レバレッジ係数（ＤＯＬ：degree of operating leverage）とは、営業量の変化率に対する営業利益の変化率を表す数値をいう。

$$経営レバレッジ係数 = \frac{営業利益の変化率}{営業量の変化率} = \frac{\Delta X(P-V)}{X(P-V)-F} \div \frac{\Delta X}{X}$$

$$= \frac{X(P-V)}{X(P-V)-F} = \frac{限界利益}{営業利益}$$

X：販売量、P：販売価格、V：製品単位当たり変動費、F：固定費　（Δは変化分を示す。）

【例題1－6】経営レバレッジ係数

次の資料に基づき、Ａ社とＢ社の経営レバレッジ係数を算定しなさい。また、Ａ社・Ｂ社ともに作付面積が20％増加した場合の営業利益をそれぞれ算定しなさい。
（単位：円）

Ａ社損益計算書		Ｂ社損益計算書	
変動益	1,000,000	変動益	1,000,000
変動費	400,000	変動費	550,000
限界利益	600,000	限界利益	450,000
固定費	300,000	固定費	150,000
営業利益	300,000	営業利益	300,000

【解答】

Ａ社経営レバレッジ：2

Ｂ社経営レバレッジ：1.5

作付面積が20％増加した場合のＡ社営業利益：420,000円

作付面積が20％増加した場合のＢ社営業利益：390,000円

【解説】

Ａ社経営レバレッジ係数：600,000円÷300,000円＝2

Ｂ社経営レバレッジ係数：450,000円÷300,000円＝1.5

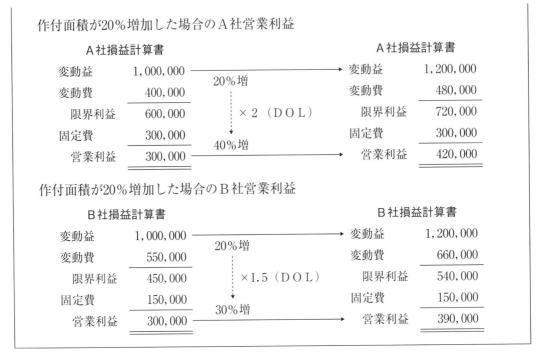

【図 1 − 7】

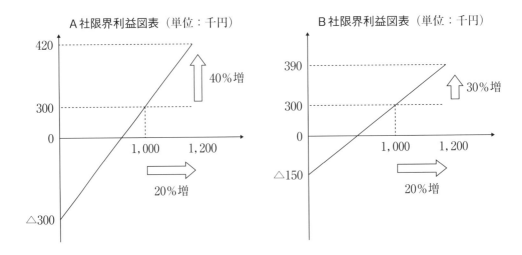

　上記、Ａ社・Ｂ社の限界利益図表から、固定費の利用の程度により作付面積の増減が営業利益に及ぼす影響が異なることがわかる。このような現象を**経営レバレッジ**という。この経営レバレッジの大きさを示す値が経営レバレッジ係数である。そのため、経営レバレッジ係数は企業経営における固定費の利用を測定する尺度ともいえる。

　一般の工企業において経営レバレッジ係数が大きくなると、営業量の変化率に対して営業利益の変化率が大きくなるため、景気が傾いている状況では、減価償却費などの固定費が発生する設備投資を避け、外注加工などの需要に応じて費用の発生額を増減させる手段を選択する方が望ましいと言え、景気が上向いている状況では、営業量の増加に対応できるように設備投資を行い、変動費の発生を抑える手段を選択する方が望ましいと言える。売上の拡大が見込める、ないし売上の先行が不透明な状況においてこのような考え方は農企業でも当てはまることになる。

　一般にA社のように固定費が大きく変動費率が低い原価構造の企業は、損益分岐点が高くなり、B社のように固定費が小さく変動費率が高い原価構造の企業は、損益分岐点が低くなる傾向にある。

　なお、**経営レバレッジ係数は安全（余裕）率の逆数**となる。

10.　多品目を取り扱っている場合のＣＶＰ分析

　多品目を取り扱っている場合、販売する作物の構成割合は多数存在する。そこで、多品目を取り扱っている場合のＣＶＰ分析は、製品販売量が増減しても、作物の構成割合（セールス・ミックス）は一定であることを前提に行う。

$$損益分岐点変動益 = \frac{固定費}{セールス・ミックスを一定とした場合の加重平均限界利益率}$$

─**【例題１－７】多品目を取り扱っている場合のＣＶＰ分析**─

　次の資料に基づき、A作物・B作物・C作物のセールス・ミックスについて、①変動益の構成比率を３：２：１とした場合の損益分岐点変動益および各作物の変動益・作付面積を、②作付面積の構成比率を３：２：１とした場合の損益分岐点変動益および各作物の変動益・作付面積をそれぞれ算定しなさい。

	A作物	B作物	C作物
販　売　単　価	20,000円/10 a	25,000円/10 a	40,000円/10 a
単位当たり変動費	10,000円/10 a	17,500円/10 a	16,000円/10 a
単位当たり限界利益	10,000円/10 a	7,500円/10 a	24,000円/10 a
共　通　固　定　費	124,200円		

【解答】

① 変動益構成比率を3：2：1とした場合

　　損益分岐点変動益：276,000円

　　A作物変動益及び作付面積：138,000円、69 a

　　B作物変動益及び作付面積：92,000円、36.8 a

　　C作物変動益及び作付面積：46,000円、11.5 a

② 作付面積構成比率を3：2：1とした場合

　　損益分岐点変動益：270,000円

　　A作物変動益及び作付面積：108,000円、54 a

　　B作物変動益及び作付面積：90,000円、36 a

　　C作物変動益及び作付面積：72,000円、18 a

【解説】

① 変動益構成比率を3：2：1とした場合

1．各作物限界利益率

　　A作物：10,000円/10 a ÷20,000円/10 a＝0.5

　　B作物：7,500円/10 a ÷25,000円/10 a＝0.3

　　C作物：24,000円/10 a ÷40,000円/10 a＝0.6

2．加重平均限界利益率

　　$(0.5×3＋0.3×2＋0.6×1)÷(3＋2＋1)＝0.45$

3．損益分岐点変動益

　　124,200円÷0.45＝276,000円

4．損益分岐点変動益における各作物の変動益及び作付面積

　　A作物：276,000円÷6×3＝138,000円（変動益）

　　　　　　138,000円÷20,000円/10 a＝69 a（作付面積）

　　B作物：276,000円÷6×2＝92,000円（変動益）

　　　　　　92,000円÷25,000円/10 a＝36.8 a（作付面積）

　　C作物：276,000円÷6×1＝46,000円（変動益）

　　　　　　46,000円÷40,000円/10 a＝11.5 a（作付面積）

② 作付面積構成比率を3：2：1とした場合

1．加重平均限界利益率

　　$(10,000円/10 a×3＋7,500円/10 a×2＋24,000円/10 a×1)$

　　$÷(20,000円/10 a×3＋25,000円/10 a×2＋40,000円/10 a×1)＝0.46$

2．損益分岐点変動益

124,200円÷0.46＝270,000円

3．損益分岐点変動益における各作物の変動益及び作付面積

A作物：270,000円÷(20,000円/10 a × 3 ＋25,000円/10 a × 2 ＋40,000円/10 a × 1)×(20,000円/10 a × 3)＝108,000円（変動益）

108,000円÷20,000円/10 a ＝54 a （作付面積）

B作物：270,000円÷(20,000円/10 a × 3 ＋25,000円/10 a × 2 ＋40,000円/10 a × 1)×(25,000円/10 a × 2)＝90,000円（変動益）

90,000円÷25,000円/10 a ＝36 a （作付面積）

C作物：270,000円÷(20,000円/10 a × 3 ＋25,000円/10 a × 2 ＋40,000円/10 a × 1)×(40,000円/10 a × 1)＝72,000円（変動益）

72,000円÷40,000円/10 a ＝18 a （作付面積）

11.　多品種作物を取り扱っている場合の限界利益図表の作成

　多品種作物を取り扱っている場合の限界利益図表は、限界利益率の高い作物から販売した場合、限界利益率の低い作物から販売した場合、一定の構成比率のまま販売した場合の3つの限界利益線を記入する。

【図1－8】

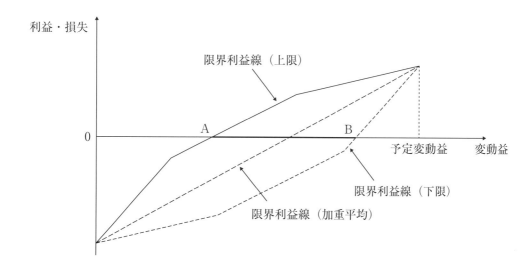

　多品種作物を取り扱っている場合、作物の組合せは様々考えられるが、【図1－8】の
A地点からB地点の範囲内に損益分岐点が存在することになる。
　限界利益率の高い作物のみを販売すれば高い利益を獲得できるが、顧客ニーズに応える
等を考慮し、中長期的な観点から限界利益率の低い作物を取り扱うことが望ましい場合も
ある。よって、短期利益計画を行う際には、作物ラインナップに組み入れることとなった
作物について、目標利益を達成しつつ、その他の目的も達成できるように考慮しなければ
ならない。

【例題1－8】多品種作物を取り扱っている場合の限界利益図表の作成

　次の資料に基づき、限界利益率の高い作物から販売した場合、限界利益率の低い作
物から販売した場合、予想変動益の構成割合に基づいた場合、それぞれの限界利益線
を限界利益図表に表現しなさい。また、限界利益率の高い作物から販売した場合の損
益分岐点変動益、限界利益率の低い作物から販売した場合の損益分岐点変動益を示し
なさい。（単位：円）

	A作物	B作物	C作物	合計
変動益	2,070,000	1,380,000	690,000	4,140,000
変動費	1,035,000	966,000	276,000	2,277,000
限界利益	1,035,000	414,000	414,000	1,863,000
固定費				1,242,000
営業利益				621,000

【解答】（単位：円）

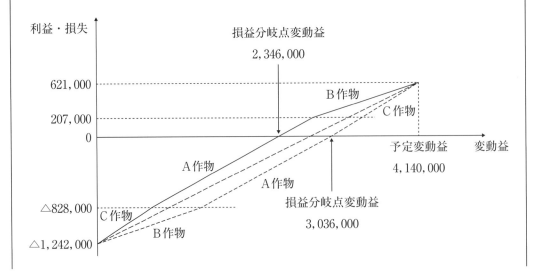

1．限界利益率の順位

　　A作物限界利益率：1,035,000円÷2,070,000円＝0.5（2位）

　　B作物限界利益率：414,000円÷1,380,000円＝0.3（3位）

　　C作物限界利益率：414,000円÷690,000円＝0.6（1位）

2．限界利益率の高い作物から販売した場合の損益分岐点変動益

　　1,242,000円（固定費）－414,000円（C作物限界利益）＝828,000円

　　　　　　　　　　　　　　　　　　　　　　　　　（固定費未回収額）

　　828,000円÷0.5＝1,656,000円（A作物変動益）

　　690,000円（C作物変動益）＋1,656,000円＝2,346,000円

3．限界利益率の低い作物から販売した場合の損益分岐点変動益

　　1,242,000円（固定費）－414,000円（B作物限界利益）＝828,000円

　　　　　　　　　　　　　　　　　　　　　　　　　（固定費未回収額）

　　828,000円÷0.5＝1,656,000円（A作物変動益）

　　1,380,000円（B作物変動益）＋1,656,000円＝3,036,000円

12．ＣＶＰ感度分析

　短期利益計画において、予想利益（率）が目標利益（率）を達成できなかった場合、様々な改善策を検討しなければならない。作物の販売価格・販売量・変動費・固定費・作物構成割合等が変化したときに、営業利益にどのような影響を与えるかを分析することをＣＶＰ感度分析という。

┌─【例題1－9】ＣＶＰ感度分析─
　次の資料に基づき、①〜④の改善策のうち最も有利な改善策を選びなさい。（単位：円）

	A作物	B作物	C作物	合計
変動益	1,620,000	1,350,000	1,080,000	4,050,000
変動費	810,000	945,000	432,000	2,187,000
限界利益	810,000	405,000	648,000	1,863,000
固定費				1,242,000
営業利益				621,000

　なお、各作物の予想販売数量は、A作物：810kg、B作物：540kg、C作物：270kgであり、各作物販売価格・作物単位当たり変動費は【例題1－7】と同じである。

　改善策①：広告宣伝費（固定費）を追加で400,000円支払うことによって、現在の販売構成割合のまま販売数量を20％増加させることができる。

　改善策②：販売促進費（変動費）として各作物の包装を改善することにより、A作物・B作物・C作物の構成割合を760kg・490kg・370kgに変更することができる。各作物の変動益に対する販売促進費は、A作物が1％、B作物が2％、C作物が3％である。

　改善策③：C作物の販売価格を10％引き下げることにより、C作物販売数量を20％増加させることができる。

　改善策④：種苗の仕入れ先を変更することにより、変動費を10％引き下げることができる。ただし、仕入れ先調査費など固定費が200,000円発生する。

【解答】
　改善策②が最も有利である。
【解説】
　改善策①
1．改善策を実施した場合の営業利益
　　1,863,000円×120％－（1,242,000円＋400,000円）＝593,600円

2．現状の営業利益との比較

593,600円－621,000円＝△27,400円

改善策②

1．改善策を実施した場合の営業利益

変　動　益：2,000円/kg×760kg＋2,500円/kg×490kg＋4,000円/kg×370kg
＝4,225,000円

変　動　費（販売促進費除く）：1,000円/kg×760kg＋1,750円/kg×490kg
＋1,600円/kg×370kg＝2,209,500円

販売促進費：2,000円/kg×760kg×1％＋2,500円/kg×490kg×2％＋4,000円/kg
×370kg×3％＝84,100円

営　業　利　益：4,225,000円－（2,209,500円＋84,100円＋1,242,000円）＝689,400円

2．現状の営業利益との比較

689,400円－621,000円＝68,400円

改善策③

1．改善策を実施した場合の営業利益

変　動　益：2,000円/kg×810kg＋2,500円/kg×540kg＋（4,000円/kg×90％）
×（270kg×120％）＝4,136,400円

変　動　費：810,000円＋945,000円＋1,600円/kg×（270kg×1.2）＝2,273,400円

営業利益：4,136,400円－（2,273,400円＋1,242,000円）＝621,000円

2．現状の営業利益との比較

621,000円－621,000円＝0円

改善策④

1．改善策を実施した場合の営業利益

4,050,000円－（2,187,000円×90％＋1,242,000円＋200,000円）＝639,700円

2．現状の営業利益との比較

639,700円－621,000円＝18,700円

13. 営業外損益の取り扱い

　営業外損益は営業量とは無関係に発生するものであるため、損益分岐分析において除外されるべき性質の損益であるが、営業外損益を損益分岐分析に含めなければならない場合には、営業外収益から営業外費用を控除した金額を固定費に対して調整する方法がとられる。

14．ＣＶＰＣ分析

⑴　ＣＶＰＣ分析の意義

　ＣＶＰＣ分析（cost volume profit capital analysis）とは、原価・営業量・利益の関係を分析するＣＶＰ分析に加え、経営過程に投下されている資本の効率的運用とその回収をも考慮した分析手法である。

⑵　変動益（生産高）と所要資本額の関係

　変動益（生産高）との関係において、資本を変動的資本と固定的資本に分類することができる。**変動的資本**とは、変動益（生産高）の増減に比例して増減する資本であり、変動益に対する変動的資本の割合を**変動的資本率**という。**固定的資本**とは、変動益（生産高）の増減に関係なく、常に一定額に保持される資本である。

　【図1－9】

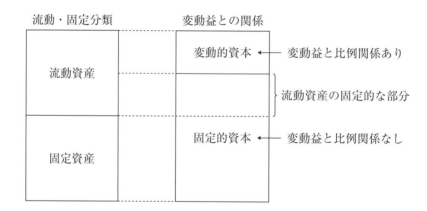

⑶　資本回収点変動益

　資本回収点変動益とは、投下資本を1回転ないし1回回収する変動益のことである。

┌─【例題1－10】資本回収点変動益 ─────────

　次の資料に基づき、資本回収点変動益を算定しなさい。

　変動的資本率：20%　　固定的資本：550,000円

【解答】

　687,500円

【解説】

　変動益をSとおき、総資本額と一致するSを算定する。

　S＝0.2S＋550,000円

　S＝687,500円

⑷　目標資本利益率達成変動益

　目標資本利益率達成変動益とは、目標資本利益率を達成するための変動益のことである。

$$目標資本利益率達成変動益＝\frac{総資本 \times 目標資本利益率＋固定費}{限界利益率}$$

【例題1−11】目標資本利益率達成変動益

　次の資料に基づき、目標資本利益率40%を達成する変動益を算定しなさい。

　販売価格：1,000円/個　　農産物単位当たり変動費：400円/個

　固　定　費：300,000円

　変動的資本率：20%　　固定的資本：550,000円

【解答】

　1,000,000円

【解説】

　目標資本利益率40%を達成する変動益をSとおく。

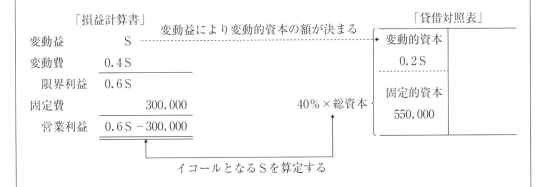

　0.6S−300,000円＝(0.2S＋550,000円)×40%

　S＝1,000,000円

■ 第3節　原価分解 ■

1．原価分解の必要性

　原価予測を行うためには、原価を変動費・固定費などに分解する必要がある。これらの情報は、第2節で学習したＣＶＰ分析を行う上で必要なものである。一定期間の原価を営業量あるいは操業度との関係で、固定費・変動費に分解することを**原価分解（固変分解）**という。農業簿記においては、作付面積（生産規模）の増減に応じて変動費と固定費に分解することになる。

2．原価態様（コスト・ビヘイビア）に基づく原価分類

①　変 動 費…作付面積（生産規模）の増減に応じて比例的に増減する原価要素

②　固 定 費…作付面積（生産規模）の増減にかかわらず変化しない原価要素

③　準変動費…作付面積（生産規模）が零の場合にも一定額が発生し、同時に作付面積（生産規模）の増減に応じて比例的に増加する原価要素

④　準固定費…ある範囲内の作付面積（生産規模）の変化では固定的であり、これを超えると急増し、再び固定化する原価要素

【図1－10】

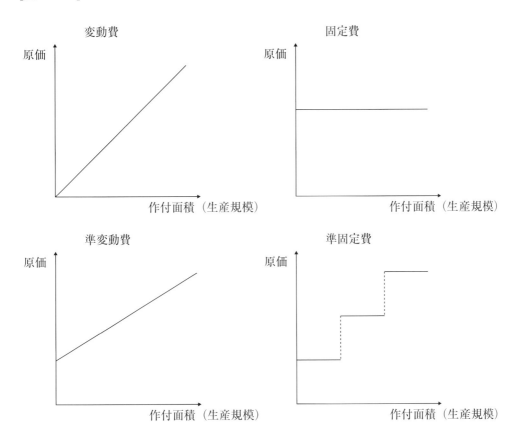

　正常操業圏とは、一定の原価態様（コスト・ビヘイビア）を適用できる範囲をいうが、正常操業圏内において、準固定費は【図1－11】のように固定費とみなすことができ、また、変動費といわれる原価要素も一般的にはS字型を描くことになるが、正常操業圏内においては、【図1－11】のように原価態様（コスト・ビヘイビア）は直線となると仮定することができる。

【図1－11】

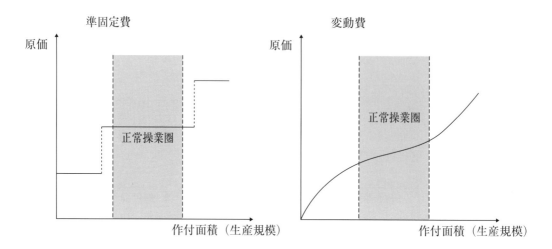

　以上より、正常操業圏内においては、原価態様（コスト・ビヘイビア）を直線で描くことができると仮定できる。

3．原価分解の方法

　原価分解の方法には、過去の実績データに基づく方法と、ＩＥ法に大別され、過去の実績データに基づく方法には(1)勘定科目精査法(2)高低点法(3)スキャッター・チャート法(4)最小自乗法がある。

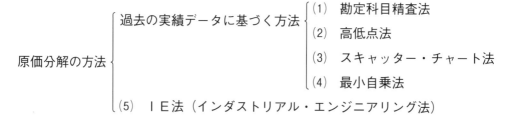

(1)　勘定科目精査法（費目別精査法）

　勘定科目精査法とは、過去の経験に基づき、各々の費目について固定費と変動費とに分類する方法である。

⑵　高低点法（算術的方法）

　高低点法とは、過去の実績データのうち、最も高い営業量に対応する費用額と、最も低い営業量に対応する費用額の組合せを取り出し、そこから単位当たり変動費と固定費額を求める方法である。

$$
\text{単位当たり変動費} = \frac{\text{最も高い営業量における費用額} - \text{最も低い営業量における費用額}}{\text{最も高い営業量} - \text{最も低い営業量}}
$$

固定費総額＝最も高い営業量における費用額－（単位当たり変動費×最も高い営業量）

　　　　　もしくは、

　　　＝最も低い営業量における費用額－（単位当たり変動費×最も低い営業量）

【図1－12】

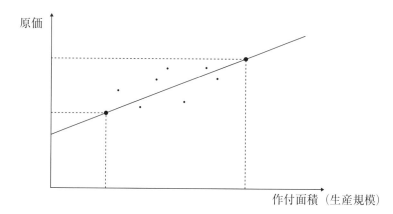

⑶　スキャッター・チャート法（散布図表法）

　スキャッター・チャート法とは、過去の実績データをグラフにプロットし、それらの点の真中を通る原価直線を目分量で引く方法である。

【図1－13】

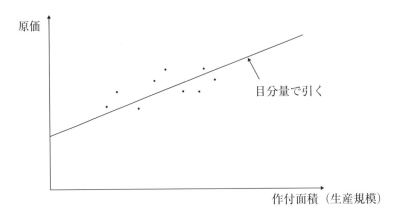

⑷　最小自乗法（最小二乗法）

　最小自乗法とは、残差（誤差）の自乗和を最小にするようにパラメータ値（変動費率と固定費額）を決める方法である。

【図1－14】

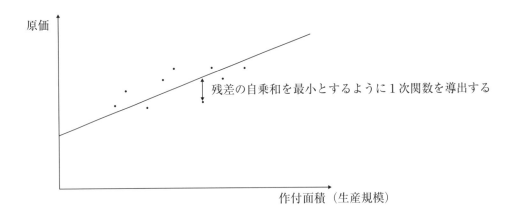

y：総費用額　a：固定費額　b：単位当たり変動費　x：営業量

n：データの数（ i ＝1、 2 、 3 、…、 n である）

[連立方程式]

$$\sum_{i=1}^{n} y_i = na + b\sum_{i=1}^{n} x_i$$

$$\sum_{i=1}^{n} x_i y_i = a\sum_{i=1}^{n} x_i + b\sum_{i=1}^{n} x_i^2$$

⑸　ＩＥ法（インダストリアル・エンジニアリング法）

　ＩＥ法とは、動作研究や時間研究といった工学的な生産管理の手法により、経営資源の投入と原価発生額との関係を把握する方法である。

【例題 1 −12】原価分解の方法①

　次の資料に基づき、勘定科目精査法によって原価分解を実施した場合の10 a 当たり変動費率と固定費額を答えなさい。

〔資料〕

1．当農園の肥料費は作付面積に比例して増減する原価であることが認識された。当期の作付面積に対する肥料費は600,000円であった。

2．当農園の作業員に対する労務費は全て作付面積に比例して増減する原価であることが認識された。当期の作付面積に対する労務費は720,000円であった。

3．農業機械減価償却費は年間3,000,000円であり、当該原価は作付面積に関係なく一定額発生すると考えられる。

4．電力料については、基本使用料金と作付面積に応じて変動する原価に分かれることになる。当期の電力料総額は年間900,000円であり、そのうち年間基本使用料金は630,000円であった。

5．農具費は年間120,000円発生する原価であり、作付面積に関係なく一定額発生すると考えられている。

6．当期の作付面積は120 a であった。

【解答】

　　変動費率：132,500円/10 a
　　固 定 費：3,750,000円

【解説】

1．肥料費

　　600,000円÷120 a ×10 a ＝50,000円/10 a

2．労務費

　　720,000円÷120 a ×10 a ＝60,000円/10 a

3．電力料

　　（900,000円−630,000円）÷120 a ×10 a ＝22,500円/10 a

4．変動費率の計算

　　50,000円/10 a ＋60,000円/10 a ＋22,500円/10 a ＝132,500円/10 a

5．固定費の計算

　　3,000,000円＋630,000円＋120,000円＝3,750,000円

┌─【例題1－13】原価分解の方法②─

次の資料に基づき、①高低点法と②最小自乗法により、変動費率と固定費額を算定しなさい。なお、いずれの操業度も正常操業圏の範囲内である。

	4月	5月	6月	7月	8月	9月
作付面積（a）	40	36	48	44	32	40
原　価（円）	1,440	1,380	1,480	1,420	1,320	1,360

【解答】

① 高 低 点 法　　変動費率：10円／a　　固定費額：1,000円

② 最小自乗法　　変動費率：9円／a　　固定費額：1,040円

【解説】

① 高低点法

変動費率：（1,480円－1,320円）÷（48 a －32 a ）＝10円／a

固定費額：1,480円－（48 a ×10円／a ）＝1,000円

　　　　　　　または

　　　　　1,320円－（32 a ×10円／a ）＝1,000円

② 最小自乗法

月	作付面積（x）	原価（y）	(x²)	(x)(y)
4	40	1,440	1,600	57,600
5	36	1,380	1,296	49,680
6	48	1,480	2,304	71,040
7	44	1,420	1,936	62,480
8	32	1,320	1,024	42,240
9	40	1,360	1,600	54,400
n = 6	240	8,400	9,760	337,440

連立方程式

$$\begin{cases} 8,400 = 6\,a + 240\,b \\ 337,440 = 240\,a + 9,760\,b \end{cases}$$

a（固定費額）＝1,040円　　　b（変動費率）＝9円／a

└────────────────────

第１節　直接原価計算の基礎

１．直接原価計算の意義

　直接原価計算とは、原価（製造原価、販売費および一般管理費）を変動費と固定費とに分類し、変動益から変動費を差し引いて**限界利益**を計算し、この限界利益から固定費を差し引いて営業利益を計算する損益計算の手法である。農業簿記においても古くから直接原価計算の有用性についての主張がなされてきた。

２．直接原価計算の特徴

　直接原価計算には、以下のような特徴がある。

① 　原価を変動費と固定費とに分解する。

② 　短期利益計画に必要なＣＶＰ関係を、損益計算書という正規の会計情報として報告する。

③ 　変動製造原価のみが製品原価の構成要素とされ、固定製造原価、販売費および一般管理費は期間原価とされる。

３．直接原価計算の有用性

　直接原価計算には上記２.のような特徴があるため、以下のような有用性を見出すことができる。

① 　短期利益計画目的

　短期利益計画の設定上、ＣＶＰ分析が有用となるが、ＣＶＰ分析の前提として原価要素が変動費と固定費とに分解されていなければならない。しかし、従来の全部原価計算では、継続的な変動費と固定費への分解がなされておらず、即座にＣＶＰ関係の情報が得られない。直接原価計算は、正規の会計情報として原価を変動費と固定費とに分解するため、短期利益計画に必要なＣＶＰ関係の情報を、勘定の枠外における随時的な調査によらず入手できる。さらに、製品系列やセグメント毎に直接原価計算を実施した場合、製品系列やセグメント別の収益性測定が可能となるため、製品系列やセグメント別の利益計画設定を合理的に行うことができる。

　農業簿記においても、作目ごとにセグメント別の損益計算を行い、作目ごとの収益性を確認することに農業経営上大きな意味があることが示唆される。ここにおいて、直接原価計算方式によってセグメント別損益計算を行うことによって、短期利益計画策定に役立つ情報提供が可能となるのである。

② 経営意思決定目的

　直接原価計算では、原価を変動費と固定費とに分解するが、この変動費・固定費は、それぞれ、短期的な経営意思決定会計上の関連原価・無関連原価（第3章を参照）に近似する性質をもっているため、経営意思決定会計に対して有用な情報を提供することができる。

③ 原価管理目的

　直接原価計算では、原価が変動費と固定費とに分類されるため、例えば製造間接費の管理において有用な変動予算の編成に役立つ資料を提供できるし、また、直接費は物量基準によって管理し、間接費は部門予算によって金額的に管理するという、合理的な原価管理が行いやすくなる。加えて、固定費を製品に配賦しないことによって、固定費の発生原因とその管理可能性に基づく管理思考の出発点となる。

　農業経営においても、大規模化や機械化の進展によって多額の固定費が発生する農企業も多く存在する。固定費についていかに適切に管理をしていくのか、その思考の出発点として直接原価計算方式は大きな貢献があるといえるのである。

4．全部原価計算との関係

⑴　算出される営業利益の相違

　全部原価計算では、変動益から全部原価により評価された売上原価を差し引いて売上総利益を算定し、その売上総利益から販売費および一般管理費を控除することで営業利益が算定される。全部原価計算と直接原価計算とでは、**製品原価**として集計する原価の範囲に相違がある。具体的には、全部原価計算においては、直接材料費、直接労務費、変動製造間接費および固定製造間接費（全部原価）を製品に対して集計するが、直接原価計算においては、直接材料費、直接労務費および変動製造間接費（直接原価＝変動原価）のみを製品に対して集計する。

【図2－1】両計算における製品原価・期間原価のまとめ

		全部原価計算	直接原価計算
製造原価	変動費	製品原価	製品原価
	固定費	製品原価	期間原価
販　管　費	変動費	期間原価	期間原価
	固定費	期間原価	期間原価

← 両者で取り扱いが異なり、これが両者の利益の相違原因となることがある。

　すなわち、固定製造原価は、全部原価計算では**製品原価**とされるのに対し、直接原価計算では**期間原価**とされる。このため、両原価計算において固定製造原価が損益計算書に計上されるタイミングが異なるため、これによって両者の利益は相違することがある。

⑵　固定費調整

　一般的な工会計において現行制度会計上、直接原価計算に基づく外部報告は認められておらず、全部原価計算に基づいて外部報告を行なわなければならない。直接原価計算による営業利益と全部原価計算による営業利益は異なることがあるため、直接原価計算による営業利益を全部原価計算による営業利益に調整するための調整計算を行う必要があり、この調整計算を**固定費調整**（第2節・第3節を参照）という。

　農業会計に関する制度上の指針は存在しないが、一般的な工会計を前提として農業簿記の原価計算も説明していくため、固定費調整も説明していく。

第2節　直接実際原価計算

1．直接実際原価計算の意義

直接実際原価計算とは、実際原価を用いて行われる**直接原価計算**をいう。

2．直接実際原価計算による損益計算書

直接実際原価計算による損益計算書を例示すれば、以下の【図2－2】のような形式となる。

【図2－2】直接実際原価計算による損益計算書

Ⅰ．変動益		××× ×
Ⅱ．変動売上原価		
1．期首製品棚卸高※	××× ×	
2．当期製品製造原価※	××× ×	
計	××× ×	
3．期末製品棚卸高※	××× ×	××× ×
変動製造マージン		××× ×
Ⅲ．変動販売費		××× ×
限界利益		××× ×
Ⅳ．固定費		
1．製造原価	××× ×	××× ×
2．販売費および一般管理費	××× ×	××× ×
直接原価計算による営業利益		××× ×

※　すべて、実際原価により評価された数値である。

―【例題2－1】実際直接原価計算による損益計算書―

　畜産農業を営む当社の資料に基づき、全部原価計算方式および直接原価計算方式によった場合の損益計算書を作成しなさい。なお、期末仕掛品原価の計算方法は先入先出法によること。

〔資料〕

1．生産・販売データ

期 首 仕 掛 品	100頭	期 首 製 品	0頭
当 期 投 入	900頭	当 期 完 成 品	800頭
合　　　計	1,000頭	合　　　計	800頭
期 末 仕 掛 品	200頭	期 末 製 品	0頭
当 期 完 成 品	800頭	当 期 販 売 品	800頭

　完成品の家畜の飼育日数は180日であった。期首仕掛品となった家畜は72日の飼育日数が経過しており、期末仕掛品となった家畜は90日の飼育日数が経過している。また、期末仕掛品となった家畜の素畜費は、700,000円であった。

2．製造原価データ

	期首仕掛品原価	当期製造費用
素 畜 費	320,000円	3,150,000円
変 動 加 工 費	446,400円	9,288,000円
固 定 加 工 費	302,400円	6,192,000円

3．販売費および一般管理費　3,000,000円（全て固定費である）

全部原価計算方式の損益計算書　　　　（単位：円）

Ⅰ　売 上 高		26,000,000
Ⅱ　売上原価		
1．期首製品棚卸高	（　　　　0）	
2．当期製品製造原価	（　17,198,800）	
合　　　計	（　17,198,800）	
3．期末製品棚卸高	（　　　　0）	（　17,198,800）
売上総利益		（　8,801,200）
Ⅲ　販売費および一般管理費		（　3,000,000）
営業利益		（　5,801,200）

直接原価計算方式の損益計算書　　　（単位：円）

Ⅰ	変　動　益		26,000,000
Ⅱ	変動売上原価		
	1．期首製品棚卸高	（　　　　　0）	
	2．当期製品製造原価	（　11,424,400）	
	合　　　計	（　11,424,400）	
	3．期末製品棚卸高	（　　　　　0）	（　11,424,400）
	限界利益		（　14,575,600）
Ⅲ	固　定　費		
	加　工　費	（　6,192,000）	
	販売費および一般管理費	（　3,000,000）	（　9,192,000）
	営業利益		（　5,383,600）

【解説】

1．総飼育日数の計算

　　800頭×180日＋200頭×90日－100頭×72日＝154,800日

2．1日当たりの加工費の計算

　　変動加工費：9,288,000円÷154,800日＝60円／日

　　固定加工費：6,192,000円÷154,800日＝40円／日

3．期末仕掛品原価の計算

　　素畜費：700,000円

　　変動加工費：200頭×90日×60円／日＝1,080,000円

　　固定加工費：200頭×90日×40円／日＝　720,000円

　　　直接原価計算のケース

　　　　700,000円＋1,080,000円＝1,780,000円

　　　全部原価計算のケース

　　　　700,000円＋1,080,000円＋720,000円＝2,500,000円

4．当期完成品原価の計算

　　直接原価計算

　　320,000円＋446,400円＋3,150,000円＋9,288,000円－1,780,000円

　　＝11,424,400円

　　全部原価計算

　　320,000円＋446,400円＋302,400円＋3,150,000円＋9,288,000円＋6,192,000円

　　－2,500,000円＝17,198,800円

3．固定費調整

⑴　固定費調整の基本思考

　前述のように、直接原価計算と全部原価計算とでは異なる値の営業利益が計算されることがあるため、直接原価計算による営業利益は、全部原価計算による営業利益に調整する必要がある。その際に、両原価計算で固定製造原価の取り扱いが異なる点に着目し、その固定製造原価部分について調整を加えることにより直接原価計算による営業利益を全部原価計算による営業利益に調整する手法が、**固定費調整**である。

　まず、両原価計算における固定製造原価の取り扱いは、以下のとおりである。

　すなわち、全部原価計算における固定製造原価は、まず実際発生額が期末仕掛品と完成品とに配分され、次に完成品に対応する金額が期末製品と売上品とに配分され、この結果損益計算書には**売上品に対応する金額**が計上されることになる。一方で直接原価計算における固定製造原価は、損益計算書にその**実際発生額の全額**が計上される。

　したがって、この関係は【図2－3】のように整理できる。すなわち、直接原価計算から見れば、全部原価計算においては、期末棚卸資産（仕掛品・製品）に対応する固定製造原価が当期には損益計算書に計上されず次期に繰り延べられていることになり、逆に期首棚卸資産に対応する固定製造原価が前期から繰り延べられてきて当期に損益計算書に計上されているととらえることができる。

【図2－3】両原価計算の損益計算書に計上される固定製造原価の違い

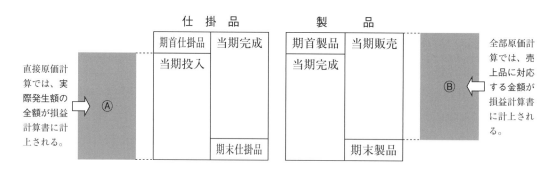

　つまり、直接原価計算の営業利益と全部原価計算の営業利益とを一致させるためには、両計算の固定製造原価の取り扱いに関して調整を加えればよいことになる。

　【図 2 － 3】から、「直接原価計算で損益計算書に計上される固定製造原価」を「全部原価計算の損益計算書に計上される固定製造原価」に調整することは、「Ⓐの固定製造原価」を「Ⓑの固定製造原価」に調整することと同義であり、このためには次の式によればよいといえる。

<table>
<tr><td>

直接原価計算で損益計算書に計上
される固定製造原価 （Ⓐ）

＋） 期首仕掛品に対応する固定製造原価

－） 期末仕掛品に対応する固定製造原価

＋） 期首製品に対応する固定製造原価

－） 期末製品に対応する固定製造原価
<hr>
全部原価計算の損益計算書に計上
される固定製造原価 （Ⓑ）
</td><td>→</td><td>

直接原価計算で損益計算書に計上
される固定製造原価 （Ⓐ）

＋） 期首棚卸資産に対応する固定製造原価

－） 期末棚卸資産に対応する固定製造原価
<hr>
全部原価計算の損益計算書に計上
される固定製造原価 （Ⓑ）
</td></tr>
</table>

　ここで、「固定費調整」とは固定製造原価について調整を加えることにより、直接原価計算による営業利益を全部原価計算による営業利益に調整する手法であるため、上記の固定費に関する調整の正と負を逆転させたものが、「固定費調整」ということになる。

　したがって、固定費調整の基本的な式を示すと、下記のとおりとなる。

　　　直接原価計算による営業利益

－） 期首棚卸資産に対応する固定製造原価

＋） 期末棚卸資産に対応する固定製造原価
___
　　　全部原価計算による営業利益

　なお、上記から理解されるように、両計算において損益計算書に計上される固定製造原価の金額が異なる前提は、期首や期末に棚卸資産（仕掛品や製品）が存在することであるといえる。

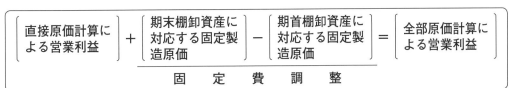

(2)　実際原価計算における固定費調整

　固定費調整が行なわれる一会計期間末ないし一原価計算期間末において、固定費調整の手続きを行うに当たり必要となる「期首棚卸資産に対応する固定製造原価」と「期末棚卸資産に対応する固定製造原価」のうち、前者はすでに算定済みであるため、後者のみを新たに算定する必要がある。

　実際直接原価計算の固定費調整の方法（期末棚卸資産に対応する固定製造原価の算定方法）には、①**転がし計算法**と、②**一括調整法**〈参考〉とがある。

　転がし計算法とは、固定製造原価について、原価配分法（平均法、先入先出法等）の仮定を遵守して厳密に転がし計算し、調整計算を行う方法である。直接原価計算による営業利益を転がし計算法によって調整すると、全部原価計算による営業利益に一致させることができる。

〈参考〉

　　一括調整法とは、固定製造原価について、一定の基準に基づいて売上品と期末棚卸資産とに一括的に配賦してしまうことで調整計算を行う方法である。この場合の配賦基準としては、変動製造原価等が用いられる。また、直接原価計算による営業利益を一括調整法によって調整すると、原則として全部原価計算による営業利益に一致させることはできない。

―――【例題2-2】固定費調整（直接実際原価計算）―――――――――――――

　【例題2-1】における数値例を基に、転がし計算法による固定費調整を行ない、直接原価計算の営業利益を全部原価計算の営業利益に調整しなさい。

【解答】

直接原価計算による営業利益	5,383,600円	
期末棚卸資産に含まれる固定加工費	720,000円	（加算）
期首棚卸資産に含まれる固定加工費	302,400円	（減算）
全部原価計算による営業利益	5,801,200円	

【解説】

　期末仕掛品に含まれる固定加工費：720,000円

　　　　　　　　　　　　　例題2-1【解説】3より判明

　期首仕掛品に含まれる固定加工費：302,400円

　　　　　　　　　　　　　例題2-1〔資料〕2　期首仕掛品原価より判明

（注）　例題2-1において期首・期末の製品在庫は存在しないため、固定費調整額は期首と期末の仕掛品原価に含まれる固定加工費の金額のみを用いることになる。

■ 第3節　直接原価計算に関する諸論点 ■

1．生産・販売量と営業利益の関係の整理

　標準（予定）配賦率を設定している場合を想定すると、直接原価計算と全部原価計算において、生産・販売量と営業利益の関係は以下のように特徴づけられる。

① 　生産量が一定の場合、販売量が増減すれば、両計算による営業利益はその増減と正の相関関係をもって変化する（ただし、両計算による営業利益が同じ変化をとるとは限らない）。

② 　生産量が増減しても、販売量が一定であれば、直接原価計算による営業利益は変化しない。

③ 　その期の生産量と販売量が一致する場合、両計算による営業利益は同額となる。

④ 　生産量が販売量よりも大きい場合、直接原価計算による営業利益よりも全部原価計算による営業利益の方が大きくなる。

⑤ 　販売量が生産量よりも大きい場合、全部原価計算による営業利益よりも直接原価計算による営業利益の方が大きくなる。

⑥ 　長期的に見れば生産量と販売量は等しくなる傾向にあるため、両計算の営業利益は一致する傾向にある。

　また、上記①②より、直接原価計算による営業利益は**販売量**のみによって影響を受けるが、全部原価計算による営業利益は販売量のみならず**生産量**にも影響を受けるといえる。

2．セグメント別損益計算書

　内部管理用に**セグメント別損益計算書**を作成する際は、全部原価計算方式によるよりも、直接原価計算方式による方が、提供できるセグメント別の収益性情報の有用性や正しさの点で優れているといえる。直接原価計算方式でセグメント別損益計算書を作成するに当たって、固定費は個別固定費と共通固定費とに区分される。

　個別固定費（direct fixed costs：traceable fixed costs）とは、各セグメントに直接跡付けられる固定費である。**共通固定費**（common fixed costs）とは、各セグメントに共通して発生する固定費である。

　直接原価計算方式によるセグメント別損益計算書のイメージは【図2−4】のようになる。ここでは、限界利益（貢献利益）から個別固定費を差し引くことで**セグメント・マージン**（segment margin）が算定される。

　農業会計においては、作目ごとに損益計算を行うことに有用性があることが多いと考えられるため、セグメントを作目と捉えて損益計算を行うことが想定される。

　なお、【図2－5】のように、個別固定費を管理可能費と管理不能費とに分け、限界利益（貢献利益）から管理可能個別固定費を差し引くことで**管理可能利益**を算定することもある。

【図2－4】セグメント（作目）別損益計算書①

	A作目	B作目	合　計
変動益	××××	××××	××××
変動費	××××	××××	××××
限界利益（貢献利益）	××××	××××	××××
個別固定費	××××	××××	××××
作物別利益（セグメント・マージン）	××××	××××	××××
共通固定費			××××
営業利益			××××

【図2－5】セグメント（作目）別損益計算書②

	A作目	B作目	合　計
変動益	××××	××××	××××
変動費	××××	××××	××××
限界利益（貢献利益）	××××	××××	××××
管理可能個別固定費	××××	××××	××××
管理可能利益	××××	××××	××××
管理不能個別固定費	××××	××××	××××
作物別利益（セグメント・マージン）	××××	××××	××××
共通固定費			××××
営業利益			××××

3．固定費（キャパシティ・コスト）の管理

⑴　固定費の管理思考の変遷

　農企業において固定費をいかに管理していくのかは重要な論点として扱われてきた。以下、従来の管理会計の議論について説明する。

　直接原価計算が考案されるまでは、全部原価計算が前提であり、固定費は管理不能であるとの考え方が支配的であったために、固定費の管理思考というと、固定費の発生額を所与のものとした上で、実際操業度を向上させることによって製品単位当たりが負担する固定費を引き下げる、ないしは算定される操業度差異を解消しようとする、**利用的管理**が中心的な考え方であった。

　しかし、固定費を期間原価としてその発生額を一括的に損益計算書上に表示する直接原価計算の登場によって、固定費に対する管理の関心が向けやすくなり、そもそもいかなる原因により固定費が発生するのかという点からアプローチする、**発生段階での管理**という考え方がなされるようになった。

　農会計においても、従来固定費は利用的管理により作付面積（生産規模）を向上させて、単位当たりの固定費を減少させていくのかという視点から論じられることが多かった。しかしながら、直接原価計算を導入することによって、固定費の発生自体を管理するという新たな思考を持つことが可能となる。この点においても、農企業が直接原価計算を実施することの有用性を見出すことができる。

⑵　固定費とキャパシティ・コスト（capacity cost：経営能力費）

　キャパシティ・コストとは、生産能力の維持・準備のために発生する原価をいう。

　なお、原価は、操業度との関連において（原価態様との関連において）固定費と変動費とに分類され、また原価発生原因との関連において**キャパシティ・コスト**と**アクティビティ・コスト**とに分類される。そして、キャパシティ・コストと固定費は、原価を認識する観点は異なるが、それを構成する費目では同一基盤に立つものである。

⑶　キャパシティ・コストの分類および管理方法

　キャパシティ・コストは、大きく**コミテッド・コスト**（committed cost：既決原価）と**マネジド・コスト**（managed cost：自由裁量原価）とに分類でき、さらにこのうちマネジド・コストは、**ポリシー・コスト**（policy cost：政策原価）と**オペレーティング・コスト**（operating cost：業務費）とに分類できる。

① コミテッド・コスト

　コミテッド・コストとは、物的設備や人的資源の導入に関する過去の意思決定の結果として、数年間にわたり総額で一定額発生する原価である。コミテッド・コストの典型例としては、減価償却費、固定資産税などが挙げられる。コミテッド・コストは一度その発生の基礎となる意思決定がなされてしまうと短期的にはその発生を削減することは困難であるため、その管理のためには中長期利益計画等の設定段階での適切な意思決定が必要となる。

　農企業においても、過去に購入したトラクターなど機械化に伴う減価償却費などが具体例として考えられる。

② マネジド・コスト

　マネジド・コストとは、物的設備や人的資源の維持に関連して発生し、経営者が短期的意思決定によって各期の発生額を決定し得る原価である。マネジド・コストは、**ポリシー・コスト**と**オペレーティング・コスト**とに分類され、いずれも短期的な管理が可能であるが、その特徴により管理方法は異なる。

　ポリシー・コストとは、経営者の方針によって決定される原価であり、研究開発費、広告宣伝費などが典型例である。農企業でも、農産物の販売促進に関する広告費や新たな品種改良のために要する研究費などがポリシー・コストの具体例として考えられる。

　一方でオペレーティング・コストとは、企業の生産能力を維持するためには不可欠となる原価であり、動力費、品質管理費などが典型例である。農企業でも、動力費や品質管理に関するコストなどオペレーティング・コストになるものが存在する。

　ポリシー・コストは経営者の方針のみによってその発生が決定されるが、オペレーティング・コストは経営者の方針というよりある程度必然的に発生する。このため、ポリシー・コストは経営者の方針に従い**割当型予算**により管理されるが、オペレーティング・コストは予定される企業活動に応じて**変動予算**により管理される。

【参考】割当型予算と固定予算

　割当型予算とは、経営者の方針によって設定される予算をいい、研究開発費等のポリシー・コストの予算編成において適用される予算編成方法の一つである。一方で固定予算とは、一定の操業度を前提として設定される予算をいう。このため、設定された予算額が一定額となる点では共通しているが、割当型予算と固定予算は概念的に区別して考える必要がある。

4．直接原価計算による営業利益が制度外とされている理由

　一般的な工企業において、直接原価計算の適用は制度上容認されていない。農業会計においても、会計指針が策定された場合には、直接原価計算は内部管理用の計算としては認められるが、外部公表用の財務書類としては容認されない可能性が高い。

　前述のように、直接原価計算により算定される営業利益と全部原価計算による営業利益の金額には差が生じることがあり、現行制度会計上では直接原価計算による営業利益を報告することは許容されていない。

　この主な理由を挙げれば、まず**原価分解の恣意性**が考えられる。すなわち、直接原価計算においては、原価を固定費と変動費とに継続的に分解するが、その分解の正確性ないし妥当性について客観的な検証を行うことが困難である。

　また、全部原価計算を行っていた企業が直接原価計算に移行する場合を考えると、製造原価に占める固定費の割合が高い企業ほどその移行に伴う利益変動が大きくなる。このため、資金提供者や税務当局を含むすべての利害関係者がその変動を不当と考えないことが必要となることも一因であろう。

5．直接原価計算論争

　直接原価計算は、短期利益計画目的、経営意思決定目的、原価管理目的等の内部経営管理のために有用な情報を提供することができる。このため直接原価計算の支持者たちは、外部報告目的のためにも直接原価計算が正しい原価計算方法であると主張し、この点に関して、1950年代半ばより約10年間にわたって直接原価計算論争といわれる論争が行なわれた。これに関連して、直接原価計算支持者と全部原価計算支持者の考え方の主な相違点を挙げれば以下のとおりである。

⑴　期間利益に関する考え方

　直接原価計算支持者は、基本的に一期間の利益は**販売活動のみの結果**によって生じると考える。

　全部原価計算支持者は、一期間の利益は**販売活動のみならず生産活動の結果**によっても生じると考える。

⑵　**資産の本質**

　直接原価計算支持者は、資産の本質は**未来原価回避能力**にあると考える。

　全部原価計算支持者は、資産の本質は**未来収益獲得能力**にあると考える。

　すなわち、製品原価を固定費と変動費とに分けた場合、この変動費（例えば原材料費）について考えると、ある一定単位の製品の生成のために費やされた変動費については当該製品に関する限り基本的に二度と費やす必要はないといえる。一方固定費（例えば設備減価償却費）について考えると、そもそも固定費は一定単位の製品の生成との結び付きは希薄であるため、このような特徴はないといえる。したがって、未来原価回避能力を有する原価のみをもって棚卸資産評価を行うべきとする直接原価計算支持者の立場からは、変動費のみをもって製品原価を算定すべきことになる。

　一方、変動費であれ固定費であれ、その原価を費やして製品が生成され、その製品は将来販売されることを通じて収益を獲得する能力を有しているといえるため、全部原価計算支持者の立場から考えると、変動費のみならず固定費をも含む全部原価でもって製品原価を算定すべきことになる。

⑶　**短期限界思考と長期平均思考**

　製品原価に関して、直接原価計算支持者は**短期限界思考**に基づいて議論を展開するのに対して、全部原価計算支持者は**長期平均思考**に基づいて議論を展開するという点が、上記二つのような考え方の相違が生じる原因である。

　企業の設立から清算までの全期間を通じて考えれば生産量と販売量は基本的に一致するはずであるが、これを会計期間に区切って短期的な視点から見れば生産量と販売量は一致しないことがある。ここで、企業の設立から清算までの全期間をベースに考えた場合、その期間に生じる利益は生産活動と販売活動の両方から生じたものと考えるのが妥当であることになるため、これを会計期間に区切って短期的な視点から見たとしても何ら変化はないと考え、あくまで長期的な見地に立脚するのが全部原価計算の思考である。一方、直接原価計算はもともと短期利益計画に役立つ資料を提供することが目的であるので、短期的な視点から見た場合に生産量と販売量が一致しないことがある点に着目し、あくまで短期的な見地に立脚することになる。

第3章　　意思決定会計

■ 第 1 節　意思決定会計総論 ■

1．意思決定会計の基礎

　意思決定（Decision Making）とは、諸代替案の中から最善の案を選択することである。

(1)　意思決定会計の意義

　意思決定会計は、経営管理者が行う随時的な代替案の選択に必要な未来差額情報を提供する問題解決のための会計である。その中心的手法は、差額原価収益分析である。

(2)　意思決定会計の機能

　意思決定会計は、プランニングとコントロールに役立つ管理会計機能のうち、前者のプランニング機能を果たす会計である。すなわち、予算編成や原価標準といった具体的な計画や目標を設定するための基礎的前提となる設備の導入、プロダクト・ミックスや生産方法の変更等の決定に必要な経済的情報を提供する。

　農業簿記においても、意思決定会計は重要な機能を有すると考えられる。短期的な状況下における生産物の組み合わせや加工作業の実施による製品付加価値の向上の要否などの判断において有効な手法となる。また、新たな農業機械の導入や農生産設備の購入などの長期的な意思決定においても有効な情報を提供する。古くから線形計画法など様々な意思決定手法の農業会計への導入についての研究がなされてきた。

(3)　意思決定会計の特徴
①　会計単位

　財務会計では企業あるいは企業集団が、また業績評価会計では企業を構成する事業単位や部門等が会計単位となる。これに対して、**意思決定会計では個々のプロジェクトが会計単位となる**。

②　会計期間

　継続企業を前提とするので、財務会計では外部報告のために区切った期間（例えば１年、半年）を、また業績評価会計では業績測定期間（例えば１年、四半期、１カ月）を会計期間とする。これに対して、個々のプロジェクトは永続するものではないので、意思決定会計ではそのプロジェクトの予想貢献期間（例えば１カ月、５年）を会計期間とする。

	財務会計	業績評価会計	意思決定会計
会計単位	企業、企業集団	事業部、部門等	個々のプロジェクト
会計期間	1 年、半年	1 カ月、四半期等	プロジェクトの予想貢献期間 戦略的意思決定→1 年超 業務的意思決定→1 年以内

⑷　意思決定会計の種類

　意思決定会計は、現在の経営構造を前提とするか否かにより、業務的意思決定会計と戦略的意思決定会計とに区分される。

①　業務的意思決定会計

　業務的意思決定とは、所与の経営構造のもとにおいて、個々独立の事項についてなされる随時的な意思決定である。

　具体例としては、新規の特別注文を受注するか否か、製品に使用する部品を自製するか購入するか、販売製品の組み合わせ等が挙げられる。農業簿記においては、農産物の組合せの決定や農産物加工による付加価値向上の要否などの判断に際して用いられる。また、限られた制約条件のもとにおける線形計画などにも用いられるものである。

　この意思決定の効果は比較的短期にとどまるため、期間利益を最大化する代替案、すなわち関連利益が最大となる代替案を選択すればよい（意思決定に基づく活動が原価額にのみ変化をもたらすのであれば、関連原価の少ない代替案を選択）。この場合、関連原価は変動費と近似するため（例えば新規の特別注文があった場合、受注するか否かで変動費は変化するが、固定費は変化しない）、原価を変動費と固定費とに分解して収益性を判断する直接原価計算が差額原価収益分析に有用な情報を提供する。

②　戦略的意思決定会計

　戦略的意思決定とは、企業環境の動態的変化に対応して経営資源を配分し、企業の持続的競争優位を確保するために採るべき基本方針ないし方策について決定することである。

　具体例としては、設備投資（新工場建設や新機械購入など）が挙げられる。農業簿記においても、新規の農業機械の導入や農産物加工設備の建設などの際に実施されるものである。

　この意思決定の効果は長期（複数の会計年度）に及ぶため、以下の2点が業務的意思決定と大きく異なる。

1）キャッシュ・フローを測定

　戦略的意思決定においては、期間利益ではなく当該プロジェクトの全体利益を最大化する代替案を選択することになる。そして、当該プロジェクトの全体利益は、プロジェクト実行による収入（キャッシュ・イン・フロー）と支出（キャッシュ・アウト・フロー）の差額と一致するため、キャッシュ・フローが差額原価収益分析に有用な情報を提供する。

2）貨幣の時間価値を考慮

　戦略的意思決定の効果は長期に及ぶため、貨幣の時間価値を考慮しなければならない。なぜなら、現在得られる1万円と10年後に得られる1万円は価値が異なるためである。

〈参考〉　原価計算基準と意思決定会計

　広い意味での原価計算には、原価計算制度以外に、経営の基本計画および予算編成における選択的事項の決定に必要な特殊の原価たとえば差額原価、機会原価、付加原価等を、随時に統計的、技術的に調査測定することも含まれる。しかしかかる特殊原価調査は、制度としての原価計算の範囲外に属するものとして、この基準には含めない（『**基準**』二）。

1）業務的意思決定会計　『**基準**』一(四)後段

　予算は、業務執行に関する総合的な期間計画であるが、予算編成の過程は、たとえば製品組合せの決定、部品を自製するか外注するかの決定等個々の選択的事項に関する意思決定を含むことは、いうまでもない。

2）戦略的意思決定会計　『**基準**』一(五)

　経営の基本計画を設定するに当たり、これに必要な原価情報を提供すること。ここに基本計画とは、経済の動態的変化に適応して、経営の給付目的たる製品、経営立地、生産設備等経営構造に関する基本的事項について、経営意思を決定し、経営構造を合理的に組成することをいい、随時的に行なわれる決定である。

〔業務的意思決定と戦略的意思決定の相違〕

	業務的意思決定	戦略的意思決定
意　　　義	所与の経営構造のもとにおいて、個々独立の事項についてなされる随時的な意思決定	経営構造の変革を伴う随時的な意思決定
意思決定の効果	比較的短期（1業績測定期間内）	長期（複数の会計年度）
情報提供手段	直接原価計算	キャッシュ・フロー分析
『基準』との関連	『基準』一(四)後段	『基準』一(五)

2．特殊原価概念

⑴　特殊原価

　特殊原価とは、経営意思決定のために用いられる種々の原価概念の総称である。これは、常時継続的に実施される原価計算制度では用いられない特殊なものという意味で特殊原価と称される。

　この特殊原価は将来の意思決定に関連する原価であるから、その本質は未来差額原価である。

⑵　主な特殊原価概念

①　関連原価

　関連原価とは、意思決定に関連する原価を総称する概念である。

　関連原価は種々の特殊原価の最上位概念であるが、問題解決に必要なアプローチを示すにすぎない。つまり、ある原価が意思決定により増減するか否かで関連原価か無関連原価として認識し、関連原価の測定は差額原価により、また無関連原価の測定は埋没原価により行うのである。

②　差額原価

　差額原価とは、何らかの事業活動の変化から生じる原価総額の増減分や、特定の原価要素における変動分をいう。

　すなわち差額原価とは、どの代替案を選択するかによって影響される原価である。

　〈参考〉　増分原価と減分原価

　　　差額原価のうち、ある意思決定の結果として生ずる原価総額あるいは特定の原価要素の増加分を増分原価といい、減少分を減分原価という。

③　埋没原価

　埋没原価とは、代替案の選択に際し、その判断の考慮外におかれる原価である。

④　現金支出原価

　現金支出原価は、経営管理者が行う一定の意思決定に関連して、現金支出を生ぜしめる原価である。

　現金支出原価は、設備投資やセグメントを廃止するか否かなど、あるプロジェクトを実行した場合に期待される収益が、これに対する現金支出をカバーするか否かを知ろうとするときに有用な原価概念である。

⑤　機会原価

機会原価とは、特定の代替案を選択した結果として失うこととなった機会から得られたであろう最大の利益額である。

機会原価は、諸代替案のうちから1つを選択し、他を断念した結果失われる最大の利益のことであるから、現実の貨幣支出とは結びつかない原価という特徴をもつ。それゆえ、支出原価と対立する概念である。

また、機会原価は、断念した用途から得られる最大の利益を選択案の原価として認識することによって、ある資源を特定の用途に配分することの相対的有利さを判断し、資源の最適配分を可能にする。

〈参考〉　その他の特殊原価概念

①　付加原価

付加原価とは、いかなる時においても、実際の現金支出を伴うものではなく、したがって財務会計上の記録には現れないが、原価計算上はその価値犠牲を計算できる原価である。

具体例としては、自己所有建物の計算家賃、自己資本の計算利子、個人企業における企業家賃金などが挙げられる。

②　回避可能原価

回避可能原価とは、ある代替案を選択しなければその発生を回避できる原価である。

回避可能原価は、特定品種の製造中止、特定販売地域からの撤退など、業務縮小についての意思決定に関連して用いられる。これとは逆に、業務活動の継続か中止かにかかわらず発生する原価は、回避不能原価といい、埋没原価の一種である。

〈参考〉　工場を閉鎖する場合

解雇される工員の賃金→回避可能原価

転用できない設備の保全費用→回避不能原価

③　延期可能原価

延期可能原価とは、現在の業務活動の能率にほとんどまたは全く影響を及ぼさないで、将来に延期できる原価である。

④　取替原価

取替原価とは、特定資産の現在の市場における再取得原価である。

今、某社から510円/個でA製品の注文があったとしよう。A製品の単位製造原価は410円（取得原価で計算した材料費）＋50円（加工費）＝460円と計算される。しかし、材料の時価を考慮に入れた場合、480円（再取得原価で計算した材料費）＋50円（加工費）＝530円となってしまう。したがって、取替原価を適用するとこの注文には応じるべきではないと判断される。

第2節　業務的意思決定

1．最適プロダクト・ミックスの決定

① 概略について

　企業の生産能力（供給能力）や市場の需要には制約がある。そこで、所与の制約条件のもとで利益を最大化するような製品の組み合わせを決定するのが**プロダクト・ミックスの意思決定**である。

② 判断基準について

1）すべての製品に共通する制約条件が1つで、個々の製品に関する制約条件がない場合

　希少資源（共通の制約条件）1単位あたりの差額利益（限界利益）が最も大きい製品にすべての経営資源を配分する。したがって、他の製品は生産しない。

【例題3－1】プロダクト・ミックス（共通の制約条件が1つ）

　(1)から(3)それぞれの制約条件が与えられた場合に、農産物Aと農産物Bのどちらを生産販売するのが望ましいか、またその時の限界利益はいくらになるか答えなさい。

農産物単位あたり（1kg当り）データ

	農産物A	農産物B
販売価格	10,000円	20,000円
直接材料費	3,000円	8,000円
変動加工費	3,000円	6,000円
限界利益	4,000円	6,000円

（注）　直接作業時間あたりの変動加工費は1,500円/時である。

(1)　需要量の制約により、両農産物を合わせて3,000kgまでしか製造販売できない場合。

(2)　変動益が19,200,000円と制約されている場合。

(3)　直接作業時間が4,800時間と制約されている場合。

【解答】

(1)　農産物Bを生産し、限界利益は18,000,000円

(2)　農産物Aを生産し、限界利益は7,680,000円

(3)　農産物Aを生産し、限界利益は9,600,000円

【解説】

(1)　農産物1kgあたりの限界利益　→　農産物A：4,000円　　農産物B：6,000円

　　したがって、農産物Bの製造販売を行うべきである。

　　限界利益：6,000円/kg×3,000kg＝18,000,000円

(2)　変動益1円あたりの限界利益（限界利益率）

　　→　農産物A：4,000円/kg÷10,000円/kg＝0.4

　　　　農産物B：6,000円/kg÷20,000円/kg＝0.3

　　したがって、農産物Aの製造販売を行うべきである。

　　限界利益：19,200,000円×0.4＝7,680,000円

(3)　農産物1kgの製造に必要な直接作業時間

　　農産物A：3,000円/kg÷1,500円/時＝2時間/kg

　　農産物B：6,000円/kg÷1,500円/時＝4時間/kg

　　直接作業時間1時間あたりの限界利益

　　→　農産物A：4,000円/kg÷2時間/kg＝2,000円/時

　　　　農産物B：6,000円/kg÷4時間/kg＝1,500円/時

　　したがって、農産物Aの製造販売を行うべきである。

　　限界利益：2,000円/時×4,800時間＝9,600,000円

2）すべての製品に共通する制約条件が1つで、個々の製品に関する制約条件がある場合

　まず、共通の制約条件1単位あたりの差額利益（限界利益）が最も大きい製品に経営資源を配分する。そして、その製品の個別制約条件を使い切っても共通の制約条件が余っている場合には、共通の制約条件1単位あたりの差額利益が2番目に大きい製品に経営資源を配分する。

─**【例題3－2】プロダクト・ミックス（共通の制約条件が1つ・個々の制約あり）**─

　当社は、農産物甲と農産物乙を製造販売しており、現在、利益が最大となる最適プロダクト・ミックスを決定しようとしている。農産物甲と農産物乙に関する資料は次のとおりである。

　最適なプロダクト・ミックスを求めなさい。

	農産物甲	農産物乙
販 売 価 格	1,000円/kg	1,000円/kg
変 動 費	400円/kg	500円/kg
限 界 利 益	600円/kg	500円/kg
労 働 時 間	2時間/kg	1時間/kg
最大労働時間	5,000時間/年	
販 売 可 能 量	3,000kg	3,000kg

【解答】

　農産物甲：1,000kg　　農産物乙：3,000kg

【解説】

1．共通の制約条件である労働時間1時間あたりの限界利益

　　農産物甲：600円/kg÷2時間/kg＝300円/時

　　農産物乙：500円/kg÷1時間/kg＝500円/時

　　以上より、農産物乙の製造販売が望ましい。しかし、3,000kgを限界とする。

2．農産物乙の販売可能量3,000kgの製造に要する労働時間

　　1時間/kg×3,000kg＝3,000時間

　　したがって、残りの2,000時間（＝5,000時間－3,000時間）は農産物甲の製造を行うことになる。

3．農産物甲の製造販売量

　　2,000時間÷2時間/kg＝1,000kg

3）すべての製品に共通する制約条件が複数で、2種類の製品を生産する場合

　ⅰ）制約条件ごとの優劣が一致している場合

　　制約条件あたり単位限界利益が高い製品を生産できる限り生産し、残った生産能力で
もう一方の製品を生産する。

　ⅱ）制約条件ごとの優劣が一致していない（優劣が制約条件ごとで異なる）場合

　　リニア・プログラミング（ＬＰ：線形計画法）を行う。解法としては後述の〔**第1
法**〕～〔**第4法**〕がある。

4）すべての製品に共通する制約条件が複数で、3種類以上の製品を生産する場合

　　リニア・プログラミングを行う。解法としては原則として後述の〔**第4法**〕のみである
が、問題として出題される場合は、最優先もしくは最劣後の製品が存在するため、実質的
に2種類の製品と同様の解法となる。

③　リニア・プログラミング（ＬＰ：線形計画法）について

　　リニア・プログラミングとは、複数の線形的な制約条件のもとで、線形関数の最大値あ
るいは最小値を求める技法である。

④　リニア・プログラミングの目的について

　　制約条件の生じる希少資源を最適配分することである。即ち、利益を最大にする組み合
わせを求めることである。

⑤　リニア・プログラミングの手続について

1）目的関数・制約条件・非負条件の定義

　目的関数：限界利益あるいは営業利益の最大値を示す関数である。営業利益を示す場合
　　　　　　には、固定費を控除すればよい。

　制約条件：制約条件ごとに、単位当たり製品の利用する資源の大きさの合計とその上限
　　　　　　を不等号で関係づけたものである。

　非負条件：製品の生産・販売量がマイナスの値を取り得ないという自明の条件である。

2）最適解の計算

〔第１法〕図解法

手順１──非負条件に基づき、第１象限に変数AとBを描く。

手順２──制約条件をグラフに描く。（極力、正確に作図）

手順３──全ての制約条件を満たす領域を可能領域とする。

手順４──目的関数を可能領域に外側から近づけてゆき、最初に接触する点を最適解とする。

〔第２法〕計算による方法

手順１──可能領域の端点を求める。

手順２──各点における限界利益を求め、それが最大になるものを最適解とする。

〔第３法〕傾きによる方法

手順１──各制約条件を直線の方程式にし、ある変数軸に対する傾きを求める。

手順２──同様に目的関数からも傾きを求め、その傾きに最も近いものを大小１つずつ求める。

手順３──求められた２つの傾きをもつそれぞれの制約条件式から、交点を求める。

手順４──その交点が他の制約条件式も満たすとき、最適解とする。

〔第４法〕シンプレックス法：省略

【例題３－３】一般的な製造業における線形計画法

当社は、製品MとNを製造販売している。各製品を１個製造するために必要な直接作業時間及び機械運転時間、並びに月間の生産能力は次のとおりである。最適プロダクト・ミックスを解くために必要な、目的関数、制約条件及び非負条件を設定し、月間の最適プロダクト・ミックスとその時の営業利益を算定しなさい。ただし、Z：限界利益、M：製品Mの生産販売量、N：製品Nの生産販売量とする。

	直接作業時間	機械運転時間
製　品　M	１時間/個	２時間/個
製　品　N	２時間/個	１時間/個
生 産 能 力	4,000時間	5,000時間

当社の市場占有率との関係から、製品Mは2,200個、製品Nは1,800個を超えて、それぞれ製造販売することはできない。なお、月間の固定費は500,000円である。

各製品の販売単価、単位変動費は次のとおりである。

	製　品　Ｍ	製　品　Ｎ
販 売 単 価	1,000円	1,000円
単位変動費	400円	500円

【解答】

製品Ｍ：2,000個　　製品Ｎ：1,000個　　営業利益：1,200,000円

目的関数：Ｍａｘ　Ｚ＝Ｍａｘ（600Ｍ＋500Ｎ）…＊

制約条件：Ｍ＋２Ｎ≦4,000…①

　　　　　　２Ｍ＋Ｎ≦5,000…②

　　　　　　Ｍ≦2,200…③

　　　　　　Ｎ≦1,800…④

非負条件：Ｍ≧０、Ｎ≧０

【解説】

１．図解による方法

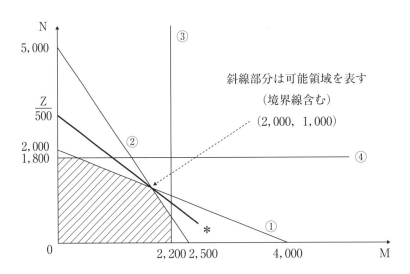

目的関数の式を変形すると、

$$Z = 600M + 500N \quad \rightarrow \quad N = -\frac{6}{5}M + \frac{Z}{500}$$

　上式より、目的関数は傾きが－６／５、切片がＺ/500の直線であり、図の太線である。この太線は、原点から徐々に遠ざけ、最後に可能領域に接する点（本問では①と②の交点）におけるＭとＮの組み合わせがＺを最大化する最適プロダクト・ミックスとなる。これは、①と②式の連立方程式の解であり、

　Ｍ＝2,000（個）、Ｎ＝1,000（個）となる。

　　最適プロダクト・ミックスにおける営業利益

　　600円/個×2,000個＋500円/個×1,000個－500,000円＝1,200,000円

２．計算による方法

　　端点とその時の限界利益

　　　ア．M軸と③の交点　　　M＝2,200個、N＝0個

　　　　Z＝600円/個×2,200個＝1,320,000円

　　　イ．②と③の交点　　　M＝2,200個、N＝600個

　　　　Z＝600円/個×2,200個＋500円/個×600個＝1,620,000円

　　　ウ．①と②の交点　　　M＝2,000個、N＝1,000個

　　　　Z＝600円/個×2,000個＋500円/個×1,000個＝1,700,000円

　　　エ．①と④の交点　　　M＝400個、N＝1,800個

　　　　Z＝600円/個×400個＋500円/個×1,800個＝1,140,000円

　　　オ．N軸と④の交点　　　M＝0個、N＝1,800個

　　　　Z＝500円/個×1,800個＝900,000円

　　以上より、限界利益が最大となる、M＝2,000個、N＝1,000個が、最適プロダクト・ミックスである。

３．傾きによる方法

(1)　目的関数と制約条件の傾き

　　目的関数：$Z＝600M＋500N$　→　$N＝-\dfrac{6}{5}M＋\dfrac{Z}{500}$　→　傾き$-\dfrac{6}{5}$

　　制約条件：$M＋2N≦4,000$…①　→　$N≦-\dfrac{1}{2}M＋2,000$　→　傾き$-\dfrac{1}{2}$

　　　　　　　$2M＋N≦5,000$…②　→　$N≦-2M＋5,000$　→　傾き-2

　　　　　　　$M≦2,200$…③　→　傾き∞（無限大）

　　　　　　　$N≦1,800$…④　→　傾き0

(2)　最適プロダクト・ミックス

　　制約条件の中で目的関数の傾きに最も近いものを大小1つずつ選ぶと、

　　$-2＜-\dfrac{6}{5}＜-\dfrac{1}{2}$であるから、①と②が選択される。

　　①と②の交点は、①と②の連立方程式の解であり、

　　M＝2,000（個）、N＝1,000（個）

　　この解は、その他の制約条件（③と④）も満たすため、最適プロダクト・ミックスである。

─ 【例題3－4】農企業における線形計画法 ─

　当法人は農業生産法人であり、作物Aと作物Bの最適な作付面積をリニア・プログラミング（線形計画法）によって算出することを目指している。経営耕地は1ha、5月の労働可能時間は360時間（h）、9月の労働可能時間も360時間（h）である。各作物の資料は以下の通りである。最適プロダクト・ミックスを解くために必要な、目的関数、制約条件及び非負条件を設定し、最適な作付面積の組合せとその時の貢献利益を算定しなさい。ただし、Z：貢献利益、A：作物Aの作付面積（10a単位）、B：作物Bの作付面積（10a単位）とする。

〔資料〕

	作物A	作物B
変　　動　　益	250千円	240千円
変　　動　　費	130千円	150千円
10a当たり貢献利益	120千円	90千円
5月労働時間	45時間（h）	15時間（h）
9月労働時間	20時間（h）	40時間（h）

【解答】

　作物A：70a　　作物B：30a　　貢献利益：1,110千円

　目的関数：$\text{Max}\,Z = \text{Max}\,(120A + 90B)$

　制約条件：$A + B \leq 10 \cdots ①$

　　　　　　$45A + 15B \leq 360 \cdots ②$

　　　　　　$20A + 40B \leq 360 \cdots ③$

　非負条件：$A \geq 0$、$B \geq 0$

【解説】

　図解と端点解による方法

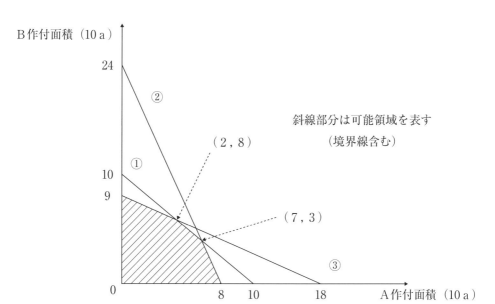

　①と②の交点

　A＝7　　B＝3となる。

　その時の貢献利益は、120千円/10 a × 7 ＋90千円/10 a × 3 ＝1,110千円

　①と③の交点

　A＝2　　B＝8となる。

　その時の貢献利益は、120千円/10 a × 2 ＋90千円/10 a × 8 ＝960千円

　②と③の交点

　A＝6　　B＝6となる。

　これは、①の制約条件を充足しないため、そもそも端点として考慮する必要性がない。

　以上より、貢献利益を最大とする作付面積は、A＝70 a、B＝30 a となる。

２．セグメントの存続か廃止かの意思決定

(1)　前提

　　対象となっているセグメントの売上の伸びが期待されず、その廃止が他のセグメントへ影響を及ぼさないこと。（なお、影響を及ぼす場合には、それらも含めて分析しなければならない。）

　　従来の農業会計の研究において、部門別計算の有用性が強調される場面が多くあった。この場合の部門別とは、作目別の損益計算を行うということであり、実質的にはセグメント別損益計算の有効性について検討が重ねられてきたと考えられる。この作目ごとの部門別（セグメント別）損益計算を実施するにあたっては、農業会計においても直接原価計算を前提とした原価の固変分解が実施されていることが望ましいといえる。ある作目（セグメント）を廃止するのか、生産を継続するのかの意思決定を行う際に本モデルが有効となるのである。

(2)　判断基準

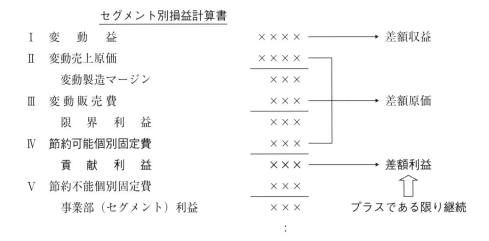

〈参考１〉　貢献利益がゼロとなるところを生産中止点、操業中止点あるいは閉鎖点などという。

〈参考２〉　直接原価計算による損益計算書では、限界利益を貢献利益と呼ぶことがある。また、セグメントの業績評価のために作成する損益計算書では限界利益から個別固定費を差し引いた額を貢献利益と呼ぶ。そして、セグメントの廃止か継続かの意思決定の際に作成する損益計算書では限界利益から節約可能個別固定費を差し引いた額を貢献利益と呼ぶ。この様に貢献利益は画一的な利益概念ではない点に注意すること。

【例題3－5】農産物セグメントの継続か廃止かの意思決定

　以下の資料から、①甲作物セグメントは存続させるべきか、廃止すべきかを判断し、また、②甲作物セグメントの生産中止点変動益（操業停止点変動益）を求めなさい。

１．甲作物セグメント見積損益計算書

	甲作物
変　動　益	300,000円
売　上　原　価	181,000円
売上総利益	119,000円
販　管　費	152,000円
営　業　利　益	－33,000円

２．売上原価の内訳は、変動費が111,000円、固定費が70,000円である。

３．販管費の内訳は、変動費が24,000円、固定費が128,000円である。

４．固定費のうち55,000円は甲作物セグメントを廃止しても節約不能な固定費である。

【解答】

①　継続する方が22,000円有利なので、継続すべき。

②　260,000円

【解説】

①について

　貢献利益が22,000円（＞0）なので、継続した方が22,000円有利と判断される。

	継続案
変　動　益	300,000円
変　動　費	135,000円
限　界　利　益	165,000円
節約可能固定費	143,000円
貢　献　利　益	22,000円

なお、次のように各案の損益計算書を作成し、比較し、判断することもできる。

	継続案	廃止案
変　　動　　益	300,000円	―
変　　動　　費	*1 135,000円	―
限　界　利　益	165,000円	―
節約可能固定費	*2 143,000円	―
貢　献　利　益	22,000円	―
節約不能固定費	55,000円	55,000円
営　業　利　益	−33,000円	−55,000円

＊1：111,000円＋24,000円＝135,000円

＊2：70,000円＋128,000円−55,000円＝143,000円

したがって、甲作物セグメントを継続した方が

22,000円 ｛＝−33,000円−（−55,000円）｝ 有利である。

②について

　生産中止点変動益とは、貢献利益がゼロとなる変動益である。すなわち、限界利益＝節約可能固定費となる変動益である。限界利益率は165,000円÷300,000円＝0.55であるため、生産中止点変動益は、143,000円÷0.55＝260,000円となる。

3．受注可否の意思決定

⑴　前提

　期中において、計画外の特別の割り込み注文があった場合等で、既存の生産能力の枠内において、注文を引き受けるか否かの議論である。特定の顧客への値引きが他の顧客への販売に影響を及さないことを前提とする。（なお、他の顧客へ影響を及ぼす場合は、そのリスクも考慮する。）農企業においても、経営耕地や労働力に余裕がある場合に、現在生産している農産物に加えて新規の顧客からの受注を受託するか否かの意思決定を迫られることがある。その際に本意思決定モデルが有効となるのである。

⑵　判断基準

受注製品の販売単価＞製品の単位当たり変動費（価格低限）⇒受注

　すなわち、差額利益（＝受注による限界利益）がプラスであれば受注する。

　ただし、固定費の増減がある場合には、それも差額原価とする。

┌─ 【例題3－6】受注可否の意思決定 ─────────────

大原農園（以下、当社）では、農産物Aを年間10,000kg生産し、これを単価800円/kg
で販売している。

　最近になって、これまで取引のなかった消費者から2,000kgの農産物Aを単価600
円/kgで購入したいとの注文があった。そこで、以下の〔資料〕に基づき、①当社は
この注文に応じるべきか否か、②農産物Aの価格低限を求めなさい。

〔資料〕

１．変動製造原価は400円/kg、固定製造原価は200円/kg（＝2,000,000円÷10,000kg）
　　である。

２．農産物Aの変動販売費（包装代）は50円/kg、固定販売費および一般管理費は年
　　間300,000円である。

３．当社はこの注文に応じるだけの遊休生産能力を有する。

４．この注文に応じても、通常の販売に影響を与えることはない。

【解答】

①　受注する方が300,000円有利なので、受注すべき。

②　450円

【解説】

①について

	差額（①－②）	①受注する案	②受注しない案
変　動　益	1,200,000円	*1 9,200,000円	8,000,000円
変　動　費	900,000円	*2 5,400,000円	4,500,000円
限 界 利 益	300,000円	3,800,000円	3,500,000円
固　定　費	—	*3 2,300,000円	2,300,000円
営 業 利 益	300,000円	1,500,000円	1,200,000円

①受注する案、②受注しない案のように別々の損益計算書を作成・比較して判断す
ることもできる。

　＊1：800円/kg×10,000kg＋600円/kg×2,000kg＝9,200,000円

　＊2：（400円/kg＋50円/kg）×（10,000kg＋2,000kg）＝5,400,000円

　＊3：2,000,000円＋300,000円＝2,300,000円

　したがって、受注した方が300,000円（＝1,500,000円－1,200,000円）有利である。

②について

　今、新たに農産物Aを1kg生産販売する場合に発生する原価は、変動製造原価と変動販売費を合計した450円/kgである。したがって、この450円/kgを回収できる価格が価格低限である。

4．追加加工の可否の意思決定

(1)　前提

　既存の生産能力の枠内において、追加加工するか否かの議論である。農産物を加工食品として市場に販売するのか、収穫されたままの状態で販売するのかの意思決定をその代表例とする。6次産業化の進展などにより、今後本意思決定の状況に直面する農業事業者は多くなってくると想定される。

(2)　判断基準

　追加加工による売上高増加額 ⇒ 　差額収益
　追加加工による原価増加額 ⇒ 　差額原価
　　　　　　　　　　　　　　　　差額利益 ◀── プラスであれば追加加工

なお、追加加工前までに生ずる原価は、埋没原価となる。

─【例題3－7】追加加工の可否の意思決定─────────

　大原農園では、同一農場において3種類の作物X、Y、Zを生産している。現在これらの農産物は分離後そのまま販売している。しかし、分離後にそれぞれ付属の加工工場において加工を行い、農産物加工品とした上で販売することも可能である。そこで、以下の〔資料〕に基づいて、追加加工した方が有利な農産物を答えなさい。

〔資料〕

	作物X	作物Y	作物Z
生　産　販　売　量	500kg	300kg	200kg
収穫物のままの販売価格	5,250円/kg	7,000円/kg	8,750円/kg
収穫後個別追加加工費	850,000円	430,000円	360,000円
追加加工後の販売価格	7,000円/kg	8,400円/kg	10,500円/kg

　(注)　収穫時における作物X、作物Y、作物Zの生産原価合計は4,872,000円である。

【解答】

　作物 X

【解説】

　収穫時までに発生した生産原価は、すべて埋没原価として取り扱うことに注意する。

　作物 X：(7,000円/kg－5,250円/kg)×500kg－850,000円＝25,000円（＞ 0 ）

　作物 Y：(8,400円/kg－7,000円/kg)×300kg－430,000円＝－10,000円

　作物 Z：(10,500円/kg－8,750円/kg)×200kg－360,000円＝－10,000円

　したがって、作物 X のみ追加加工した方が有利となる。

5．内製か購入かの意思決定

　一般的な製造業においては、部品を自製するのか外部購入するのかの意思決定が本意思決定モデルに該当する。農業簿記においては、畜産農業における飼料について、流通飼料を利用するのか自給飼料を生産するのかの意思決定などが想定される。

(1)　遊休生産能力がある場合の判断基準と問題の本質
　一般的な製造業の意思決定においては、部品の購入原価と自製原価を比較して判断する。流通飼料とするのか自給飼料とするのかの意思決定の場合には、流通飼料の調達原価と自給飼料の生産原価を比較して判断することになる。
　この場合は、**遊休生産能力の有効利用の問題**である。

【例題3−8】流通飼料か自給飼料かの意思決定問題①

　大原農業（以下、当社）では、家畜を70頭飼育している畜産農業を営んでいる。1頭当たり年間650kgの飼料（ＴＤＮ量）を必要とする。現在遊休生産能力を有している当社は飼料の自給について検討を行っている。そこで以下の資料に基づいて、飼料を自給すべきか、それとも流通飼料を購入するべきかを答えなさい。

1．自給飼料に関する生産原価の飼料は以下の通りである。
　(1)　変動費が1kg当たり35円発生する。
　(2)　それ以外に固定費が3,750,000円発生する。当該固定費のうち、40%は飼料の自給を行わなければ発生しないものである。
2．流通飼料の市場の価格は、1トン当たり65,000円である。

【解答】
　流通飼料を購入するほうが、135,000円有利である。

【解説】
1．意思決定に関連する原価と関連しない原価の区別

	自製	購入	
流通飼料購入原価	発生せず	発生	→ 関連原価
変動費	発生	発生せず	→ 関連原価
回避可能固定費	発生	発生せず	→ 関連原価
回避不能固定費	発生	発生	→ 無関連原価

2．差額原価収益分析で判断

(1)　回避可能固定費の計算：3,750,000円×40％＝1,500,000円

(2)　年 間 必 要 飼 料 量：650kg/頭×70頭＝45,500kg

(3)　自給飼料の差額原価：35円/kg×45,500kg＋1,500,000円＝3,092,500円

(4)　流通飼料の差額原価：65,000円/トン÷1,000kg/トン×45,500kg＝2,957,500円

(5)　差 額 原 価 の 分 析：3,092,500円－2,957,500円＝135,000円（流通飼料のほうが有利となる。）

⑵　遊休生産能力がない場合の判断基準と問題の本質

　一般的な製造業においては、新たに部品の自製を行うことによって、生産を取り止める物品が発生するため、部品の自製による原価節約額と生産を取り止める物品の機会原価を比較して判断する。農業簿記においても、畜産農業で複数の自給飼料を生産することが可能な場合などに当該意思決定モデルが該当することになる。

　この場合は、**機会原価測定の問題**である。

　（注）　生産能力の拡大が可能ならば、設備投資の経済性計算の問題となる。

【例題3－9】流通飼料か自給飼料かの意思決定問題②

　大原農業では、若干の遊休生産能力があるためこれを使って自給飼料Xを自製しているが、このところ流通飼料Yの市価が高騰しているため、流通飼料Yを自製してはどうかとの意見が出た。しかし、仮に流通飼料Yを自製するとそれだけで遊休生産能力がなくなり、自給飼料Xは外部からの購入に切り替えなければならない。

　そこで、以下の〔資料〕に基づいて、飼料Xと飼料Yどちらの飼料を自給飼料として生産すれば良いかを答えなさい。

〔資料〕

1．飼料Xと飼料Yの変動製造原価（10kg当たり）

飼料X		飼料Y	
直接材料費	420円	直接材料費	490円
変動加工費	180円	変動加工費	200円
計	600円	計	690円

　なお、飼料Yを自製する場合には、この他に特殊設備の賃借料800,000円/年がかかる。

２．飼料Xと飼料Yの購入原価（10kg当たり）

飼料X		飼料Y	
購 入 原 価	820円	購 入 原 価	900円

３．飼料Xと飼料Yの必要量はともに年間400,000kgである。

【解答】

　飼料Xを自給飼料として生産し、飼料Yを購入する方が1,200,000円有利である。

【解説】

１．代替案の列挙

　　「飼料X自給案」と「飼料X購入案」の比較、「飼料Y自給案」と「飼料Y購入案」の比較を検討する。

２．原価の比較

	飼料X自給	飼料X購入
購 入 原 価	—	32,800,000円
変動製造原価	24,000,000円	—
合 計	24,000,000円	32,800,000円

　　以上から、飼料Xは自給飼料として生産するほうが、8,800,000円有利となる。

	飼料Y自給	飼料Y購入
購 入 原 価	—	36,000,000円
変動製造原価	27,600,000円	—
特殊設備賃借料	800,000円	—
合 計	28,400,000円	36,000,000円

　　以上から、飼料Yは自給飼料として生産するほうが、7,600,000円有利となる。

３．結論

　　飼料X、飼料Yともに購入するよりも自給飼料として生産するほうが有利となるが、生産能力に限りがあるため、飼料X、飼料Yのどちらかしか自給飼料として生産できない。

　　飼料Xを自給飼料として生産した場合、飼料Yを自給飼料として生産した場合の利得を失うことになるため（機会原価）、1,200,000円（＝8,800,000円－7,600,000円）飼料Xを自給飼料として生産したほうが有利となる。

　　仮に、飼料Yを自給飼料として生産した場合には、飼料Xを自給飼料として生産した場合の利得を失うことになるため（機会原価）、△1,200,000円（＝7,600,000円－8,800,000円）となり、飼料Yを自給飼料として生産したほうが不利となる。

なお、下記のように考えても同じ結論が算定される。

1．代替案の列挙

　「飼料Xを自給飼料として生産し、飼料Yを購入する」、「飼料Xを購入して、飼料Yを自給飼料として生産する」を比較する。

2．原価の比較

	飼料X自給、飼料Y購入	飼料X購入、飼料Y自給
購　入　原　価	[*1]36,000,000円	[*3]32,800,000円
変 動 製 造 原 価	[*2]24,000,000円	[*4]27,600,000円
特殊設備賃借料	―	800,000円
合　　計	60,000,000円	61,200,000円

　　＊1：900円÷10kg×400,000kg＝36,000,000円

　　＊2：600円÷10kg×400,000kg＝24,000,000円

　　＊3：820円÷10kg×400,000kg＝32,800,000円

　　＊4：690円÷10kg×400,000kg＝27,600,000円

3．結論

　飼料Xを自給飼料として生産したほうが

　1,200,000円（＝61,200,000円－60,000,000円）有利である。

6．費用分岐点分析（関連原価損益分岐点分析）

⑴　前提

対抗する代替案が、次のような状況であることが前提となる。

	A　案	B　案
固 定 費	〔A案の固定費〕	＜〔B案の固定費〕
変動費率	〔A案の変動費率〕	＞〔B案の変動費率〕

⑵　判断基準

分岐点を算定し、予想される消費量等がどちらに含まれるかにより判断する。

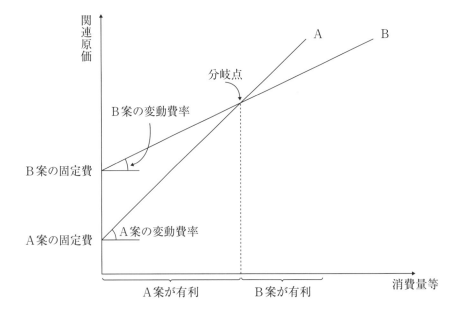

　当該分析は農業簿記においてもその必要性が認められる。市場への農産物の出荷に際して、運送会社などを利用する機会があり、その際にいかに安価な運送会社を選定することができるかは、農業経営において重要な課題の一つである。

【例題 3 - 10】費用分岐点分析（関連原価損益分岐点分析）

　大原農園では、これまで自社で農産物の運送を行い市場への出荷を行ってきたが、経費削減のために外部に運送を委託することになり、運送会社に見積りを依頼した。そこで、以下の資料に示した運送会社別の見積りに基づいて最も望ましい運送会社の選択を行いなさい。

	年間固定費	変　動　費
甲運送会社	5,000,000円	150円/kg
乙運送会社	—	525円/kg
丙運送会社	3,000,000円	275円/kg

【解答】

　12,000kg以下のときは乙運送会社が最も有利

　12,000kg以上16,000kg以下のときは丙運送会社が最も有利

　16,000kg以上の時は甲運送会社が最も有利

【解説】

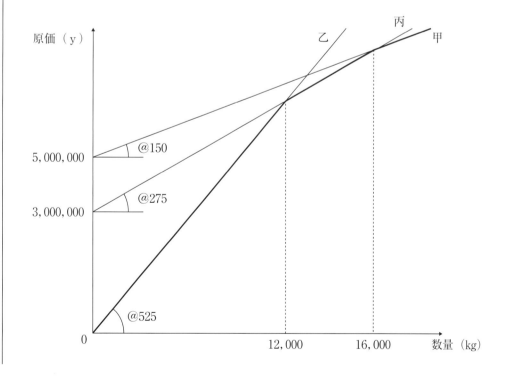

　　個数を x 、原価を y とおくと

　　甲運送会社： $y = 150x + 5,000,000$

　　乙運送会社： $y = 525x$

　　丙運送会社： $y = 275x + 3,000,000$

　　この 3 式を連立させて解けばよい。

7．価格決定

　製品の価格を決定する際に考慮しなければならない要素として、業種の特殊性、競争状態、景気動向、製品の機能などがあげられるが、そうしたいろいろな要素の中でも、製品の原価情報は考慮しなければならない重要な要素といえる。農産物においても、近年ネット販売や顧客への直販などが行われるようになり、価格決定に対する意識を持つことが必要な場面も生じてきている。

⑴　コスト・ベースの価格決定
　目標価格を原価に目標マークアップを加算することにより算定する。

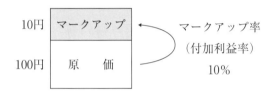

①　全部原価法

> 目標価格＝単位当たり総原価＋目標マークアップ
> 目標マークアップ＝$\dfrac{\text{目標利益}}{\text{販売予定量}}$

②　部分原価法

> 目標価格＝単位当たり変動費＋目標マークアップ
> 目標マークアップ＝$\dfrac{\text{固定費＋目標利益}}{\text{販売予定量}}$

〔全部原価法と部分原価法の比較〕

	長　　　所	短　　　所
全部原価法	投資回収の安全性において優れている。	①　競争市場下においては、価格引き下げへの弾力的対応がとりにくく、短期的には機会損失を被るおそれがある。 ②　共通費配賦にともなう恣意性を排除できない。
部分原価法	①　機会損失の発生を回避することができる。 ②　共通費を配賦しないため、その配賦に伴う恣意性を排除できる。	変動費（増分原価）のみを回収すればよいという思考に陥りやすいため、全部原価の回収が疎かになり、長期的には適正利益の確保を危うくするおそれがある。

⑵　マーケット・ベースの価格決定

　目標原価を目標価格から目標利益を差引いて算定する。

第3節　戦略的意思決定

1．戦略的意思決定の基礎

⑴　戦略的意思決定と設備投資意思決定

　戦略的意思決定とは、企業環境の動態的変化に対応して経営資源を配分し、企業の持続的競争優位を確保するために採るべき基本方針ないし方策について決定することである。

　設備投資意思決定とは、戦略的意思決定に基づき必要となる生産・販売設備の新設、取替、廃棄に関する意思決定である。設備投資には、巨額の資金を必要とし、その効果が企業の業績に重大な影響を及ぼし、かつ長期に渡るため、管理会計の分野でも比較的早い段階から計量的な評価方法が確立してきた。

　農業においても、農業生産法人の増加に伴う大規模化や農業生産技術の近代化の中において、新規の農業機械の導入や農加工品生産設備の建築などの設備投資が求められるようになってきている。その際において、本章で紹介する戦略的意思決定の知識を有することによって、短期的な損得勘定に陥ることなく、計数的・戦略的視点から的確な意思決定を行い、他の農企業や農業生産法人に対して持続的な競争優位性の確保を図ることができるのである。

⑵　設備投資の種類

① 　新規投資

　新種の農産物の生産や新設備・新機械の導入などに関連して行われる設備投資であり、投資による生産能力の拡張と新たな収益の獲得に貢献する。

② 　取替投資

　既存農産物の生産に供されている設備・機械の取替えなどのための投資であり、原則として、既存の生産能力の範囲内における原価の節約に貢献する。

⑶　設備投資意思決定の基礎概念

① 　会計単位

　個々の設備投資プロジェクト（設備代替案）が会計単位となる。

② 　プロジェクトの予想貢献年数

　設備投資意思決定では、プロジェクトの期間は通常1年以上の長期にわたり、この期間のことを**経済命数**（経済的耐用年数）という。これは設備の法定耐用年数と必ずしも一致しない。

③　現金流出入額（キャッシュ・フロー）

設備投資意思決定会計では、個々の設備投資プロジェクト（設備代替案）が会計単位となる。よって、例えば10年間もつ設備ならば、10年間の全期間にわたる全体損益を計算すればよい。この計算では、すべて、現金の収入と支出だけで計算すればよい。

④　時間価値

プロジェクトに伴って発生する現金流出入額は、1年以上の長期にわたって発生する。一般には、現在における現金流出入額は、将来における同額の現金流出入額とは同じ価値ではなく、現在のほうが高い価値をもっている。一方、意思決定は、将来予期される事象を現時点で検討するため、将来の価値で把握された現金流出入額を現在の価値に修正して現時点の投資額と比較する必要がある。そこで、時間価値を考慮した計算を行わなければならない。

なお、時間価値には、インフレによる貨幣価値の変動は考慮外とし、以下の説明で使用する記号は次のように定める。

現在価値：P、将来価値：F、年数：n（n＝0は現在）、利子率：r

1）利殖係数（終価係数）——→　将来価値を計算

利殖係数は、現在におけるP円が将来のn年後において、どのくらいの価値を有するかを示す。

> 利殖係数　　（1＋r)^n
>
> 将来価値　　$F_n = P(1+r)^n$

〈参考〉　利子率10%において、5,000円の3年後の将来価値は次のとおりである。

$F_3 = 5,000$円$\times (1+0.1)^3 = 6,655$円

2）現価係数　——→　現在価値を計算

現価係数は、将来のn年後におけるF_n円が、現在においてどのくらいの価値を有するかを示す。

> 現価係数　　$\dfrac{1}{(1+r)^n}$
>
> 現在価値　　$P = F_n \cdot \dfrac{1}{(1+r)^n}$

〈参考〉　利子率10%において、3年後の6,655円の現在価値は次のとおりである。

$P = 6,655$円$\times \dfrac{1}{(1+0.1)^3} = 5,000$円である。

なお、現価係数は、現価係数表より$\dfrac{1}{(1+0.1)^3} \fallingdotseq 0.7513$が得られる。

（注）　利殖係数（終価係数）と現価係数は、逆数の関係にある。

3）年金現価係数 ⟶ 現在価値合計を計算

　年金現価係数は、 n 年間、毎年度末において F 円（同額）の現金流出入額が生じる場合、これを一度に割引くときその現在価値が合計でいくらの価値を有するかを示す。

$$\text{年金現価係数}\qquad \frac{(1+r)^n - 1}{r(1+r)^n}$$

（注）　年金現価係数は、現価係数の n 年間の合計値の関係にある。

〈参考〉　利子率10％において、 3 年間毎年2,010.5円の現金流入額がある場合の現在価値合計（S_p）は次のとおりである。

$$S_p = 2{,}010.5\text{円} \times \frac{(1+0.1)^3 - 1}{0.1(1+0.1)^3} \fallingdotseq 5{,}000\text{円}$$

　なお、年金現価係数については、年金現価係数表より $\dfrac{(1+0.1)^3 - 1}{0.1(1+0.1)^3} \fallingdotseq 2.4869$ が得られる。

4）資本回収係数 ⟶ 資本費を計算

　資本回収係数とは、投資額を回収するのに最低限度必要な増分現金流入額を投資額より算定するための係数であり、投資額の将来の均等回収額を示す。

$$\text{資本回収係数}\qquad \frac{r(1+r)^n}{(1+r)^n - 1}$$

（注）　資本回収係数は、年金現価係数の逆数の関係にある。

〈参考〉　利子率10％において、現在の投資額5,000円を 3 年間毎年度末に均等回収するには毎年何円ずつ回収すればよいか。

$$F = 5{,}000\text{円} \times \frac{0.1(1+0.1)^3}{(1+0.1)^3 - 1} \fallingdotseq 2{,}010.5\text{円}$$

　なお、資本回収係数については、資本回収係数表より $\dfrac{0.1(1+0.1)^3}{(1+0.1)^3 - 1} \fallingdotseq 0.4021$ が得られる。

⑷　資本コスト

ここでは、時間価値を考慮するうえで、最も妥当な割引率（ r ）について考察する。

①　資本コストの意義

１）企業・投資家間の資金のやり取りに注目する場合

　企業側からみた場合、資本コストとは、資本調達の見返りとして、投資家に対して負担しなければならない報酬（率）のことである。また投資家側からみた場合、資本コストとは、資本拠出の見返りとして、企業に要求する報酬（率）のことである。

２）企業の投資決定の評価基準との関連で捉える場合

　資本コストとは、投資対象が挙げなければならない必要最小限度の目標利益率である。

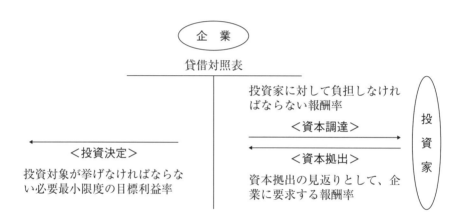

②　資本コストの本質

　資本コストの本質は、投資案の最低必要利益率ないし切捨率を意味する。

　企業が設備投資を行なって営業を続けるためには、各種の源泉（銀行借入や社債発行、新株発行等）から資金を調達しなければならない。しかし、これらの資金はいずれもコストをともなうことから、調達資金を投資するには、少なくともそのコストだけは補償できなければならないからである。

③　資本コストの種類

１）調達源泉別資本コスト

　調達源泉別資本コストとは、資本の種類ごとに把握される資本コストである。

〈参考〉　社債利息や借入金利子等の他人資本コスト

　　　　普通株の配当金や留保利益の他の投資機会から得られる利益等の自己資本コスト

２）（加重）平均資本コスト

　（加重）平均資本コストは、調達源泉ごとの資本コストを、各調達源泉の金額の企業全体の資本総額に占める割合によってウエイト付けして平均したものである。

④　投資決定に用いる資本コスト→（加重）平均資本コストである。

　　　　↓　その理由は、

１）経営者の財務安定化志向との関係

　経営者は、財務の安定化を図るため、資本構成が一時的に崩れても翌期には回復の措置を取り、資本構成を一定に保とうとする。よって、当該資本構成でウエイト付けした平均資本コストが妥当である。

２）投資案と調達源泉との対応関係

　設備資金は、通常複数の調達源泉の資金のプールから取り出して投資案に配分される。よって、投資案ごとに資金の調達源泉を把握し、リスクを測定することは現実問題として不可能である。

⑤　（加重）平均資本コストの算定

$$r_w = r_d \times (1-t) \times \frac{D}{D+E} + r_e \times \frac{E}{D+E}$$

r_w：加重平均資本コスト、　r_d：他人資本の資本コスト、　t：税率

r_e：自己資本の資本コスト、D：他人資本総額、E：自己資本総額

【例題3－11】加重平均資本コストの算定

　当社の税引後加重平均資本コストを算定しなさい。なお税率は40％とする。

項目	比率	税引前資本コスト
銀行借入	0.5	5％
新株発行	0.5	17％

【解答】

　10％（＝5％×（1－40％）×0.5＋17％×0.5）

【解説】

　銀行借入に対して当社が実際に負担するのは、5％×（1－40％）＝3％となる（次ページ注意点参照）。

〈参考〉　自己資本コスト＞他人資本（負債）コストとなる理由

　　負債コストとして債権者が要求する収益率は負債の利子率（確定利率）である。これに対して、株主には負債コストである利息や税金を払った後の利益が帰属するため、期待する収益率が得られるかは不確定である。このため、株主が企業に要求する収益率は、そのリスクを考慮した分だけ高くなる。

　　また、法人税の計算において負債利息の損金算入が認められているため、負債コストはその分低くなる。

	株　　　主	社債権者
享受できる金銭	利益が出た場合の配当金	定額の社債利息
倒 産 し た 場 合	後 回 し	優先的に回収
リ　ス　ク	高　　い	低　　い
要 求 す る 利 益	多　　い	少 な い
資 本 コ ス ト	高　　い	低　　い

（資本コスト算定時の注意点）

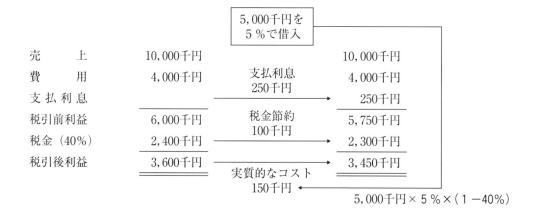

２．プロジェクトの評価方法

以下、伝統的な管理会計に基づいて各種プロジェクトの評価方法の紹介を行う。

(1)　正味現在価値法

①　意義

正味現在価値法とは、年々の増分現金流入額を資本コストで割り引き、この合計から投資額の現在価値合計を控除して正味現在価値を算定し、その正味現在価値がより大きいプロジェクトを有利とする評価法である。

②　計算式

> 正味現在価値＝年々の増分現金流入額の現在価値合計－投資額の現在価値合計

【例題３－12】正味現在価値法

以下の投資案（経済命数は３期＝３年）の正味現在価値を算定し、採否を判断しなさい。

⑴　第１期期首の投資額は10,000千円である。

⑵　第１期から第３期の経常的な現金流入額は、毎期5,000千円と見込まれる。

⑶　第３期末の機械処分価値は０円と見込まれる。

⑷　当社の資本コストは７％である。

（現価係数は、１年：0.9346、２年：0.8734、３年：0.8163）

【解答】

3,121.5千円であり、採用する

（＝－10,000千円＋5,000千円×0.9346＋5,000千円×0.8734＋5,000千円×0.8163）

【解説】

（単位：千円）

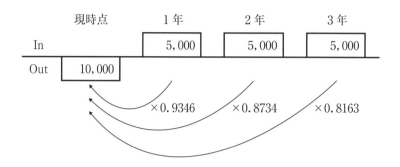

　なお、正味現在価値が正値であり、採用することとなる。

　もしくは、年々のキャッシュ・イン・フローが同額なので、*年金現価係数を用いると、以下のようになる。

　　－10,000千円＋5,000千円×2.6243＝3,121.5千円

　　＊：0.9346＋0.8734＋0.8163＝2.6243

⑵　現在価値指数法（収益性指数法）

①　意義

　現在価値指数法は、増分現金流入額の現在価値合計を分子とし、投資額の現在価値合計を分母として、投資の収益性を示す指数を算定し、その指数が100％以上で最も高いプロジェクトを有利とする評価法である。

②　計算式

> 現在価値指数＝年々の増分現金流入額の現在価値合計÷投資額の現在価値合計×100％

【例題3－13】現在価値指数法

　以下の投資案（経済命数は3期＝3年）の現在価値指数を算定し、採否を判断しなさい。

⑴　第1期期首の投資額は10,000千円である。

⑵　第1期から第3期の経常的な現金流入額は、毎期5,000千円と見込まれる。

⑶　第3期末の機械処分価値は0円と見込まれる。

⑷　当社の資本コストは7％である。

　　（現価係数は、1年：0.9346、2年：0.8734、3年：0.8163）

【解答】

　131.215％であり、採用する。

　（＝(5,000千円×0.9346＋5,000千円×0.8734＋5,000千円×0.8163)÷10,000千円）

　（＝5,000千円×2.6243÷10,000千円）

【解説】

　なお、現在価値指数が100％を越えており、採用することとなる。

---

(3)　内部利益率法

①　意義

　内部利益率法とは、年々の増分現金流入額の現在価値合計が、投資額の現在価値合計と等しくなるような投資案独自の利益率（割引率）を求め、その利益率が資本コスト以上で最も高いプロジェクトを有利とする評価方法である。

②　計算式

> 投資額の現在価値合計＝年々の増分現金流入額の現在価値合計
> ※　このような等式が成立するような利益率（割引率）を求める。

１）年々の増分現金流入額が均一の場合

（内部利益率）

　　投資額＝年々の増分現金流入額×年金現価係数

$$\frac{投資額}{年々の増分現金流入額}＝年金現価係数 \longrightarrow 年金現価係数表から内部利益率を推定$$

（補間法の算式）

> $$内部利益率＝r_{n-1}\%＋1\%×\frac{r_{n-1}\%での現在価値合計－投資額}{r_{n-1}\%での現在価値合計－r_n\%での現在価値合計}$$

【例題3－14】内部利益率法～年々のＣＦが同額の場合～

　以下の投資案（経済命数は3期＝3年）の内部利益率を算定し、採否を判断しなさい（端数が生じる場合には、最終値に関して小数点以下第2位を四捨五入すること）。

(1)　第1期期首の投資額は10,000千円である。

(2)　第1期から第3期の経常的な現金流入額は、毎期5,000千円と見込まれる。

(3)　第3期末の機械処分価値は0円と見込まれる。

(4)　当社の資本コストは7％である（巻末の現価係数表を参照すること）。

【解答】

　23.4％であり、資本コストを上回るため、採用する。

【解説】

　10,000千円＝5,000千円×年金現価係数　を満たせばよい。

　よって、年金現価係数が2（＝10,000千円÷5,000千円）となる割引率を求めればよい。

３年の場合の年金現価係数表

n＼r	22%	23%	24%	25%
3	2.0422	2.0114	1.9813	1.9520

ここの間と判明。

年々の増分現金流入額の現在価値合計を算出する。

仮に23%の場合：5,000千円×2.0114＝10,057千円

仮に24%の場合：5,000千円×1.9813＝9,906.5千円

年々の増分現金流入額の現在価値合計が10,000千円になる割引率を算定する。（**補間法**）

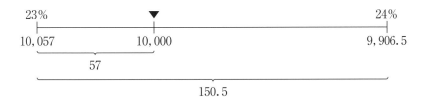

内部利益率＝23＋57÷150.5＝23.37…→23.4（％）

なお、内部利益率が資本コスト７％を超えており、採用することとなる。

２）年々の増分現金流入額が変動の場合

試行錯誤により内部利益率を算定する。

〈参考〉　１％〜10％の現価係数表が与えられている場合

現価係数表から任意の割引率（例：５％）を選択して現在価値合計（Ａ）を試算

↓

現在価値合計（Ａ）＞投資額の場合（⇒内部利益率＞任意の割引率（５％）と判明）

　　──→　５％より現価係数表上で右側の任意の割引率（例：８％）で現在価値合計（Ｂ）を
↓　　試算

現在価値合計（Ｂ）＜投資額の場合（⇒内部利益率＜任意の割引率（８％）と判明）

　　──→　８％より現価係数表上で左側の任意の割引率（例：７％）で現在価値合計（Ｃ）を
↓　　試算

現在価値合計（Ｃ）＞投資額の場合（⇒内部利益率＞任意の割引率（７％）と判明）

　　──→　内部利益率は、割引率７％と８％の間に存在することがわかる。

↓

より正確な算定　──→　補間法を適用

【例題 3 −15】内部利益率法〜年々のＣＦが異なる場合〜

　以下の投資案（経済命数は 3 期＝ 3 年）の内部利益率を算定し、採否を判断しなさい（端数が生じる場合には、最終値に関して小数点以下第 2 位を四捨五入すること）。

(1)　第 1 期期首の投資額は10,000千円である。

(2)　経常的な現金流入額は、第 1 期7,000千円、第 2 期5,000千円、第 3 期3,000千円と見込まれる。

(3)　第 3 期末の機械処分価値は 0 円と見込まれる。

(4)　当社の資本コストは 7 ％である（巻末の現価係数表を参照すること）。

【解答】

　27.6％であり、採用する。

【解説】

　試行錯誤をしなければならない。

　仮に20％の場合：7,000千円×0.8333＋5,000千円×0.6944＋3,000千円×0.5787
　　　　　　　　　＝11,041.2千円

　この計算結果から、割引率はもっと高いと判断する。

　仮に27％の場合：7,000千円×0.7874＋5,000千円×0.6200＋3,000千円×0.4882
　　　　　　　　　＝10,076.4千円

　仮に28％の場合：7,000千円×0.7813＋5,000千円×0.6104＋3,000千円×0.4768
　　　　　　　　　＝9,951.5千円

　以上より、補間法を採用する。

　内部利益率＝27％＋(76.4÷124.9)％＝27.61…％→27.6％

　なお、内部利益率が資本コスト 7 ％を超えており、採用することとなる。

⑷　（単純）回収期間法

①　意義

　　回収期間法とは、当初の投資額を年々の増分現金流入額で回収するに要する期間を計算し、その回収期間が予想貢献年数以内で最も短いプロジェクトを有利とする評価法である。

②　計算式

　1）年々の増分現金流入額が均一である場合

$$回収期間＝\frac{当初の投資額}{年々の増分現金流入額}$$

【例題3－16】回収期間法～年々のＣＦが同額の場合～

　　以下の投資案（経済命数は3期＝3年）の回収期間を算定しなさい。

⑴　第1期期首の投資額は10,000千円である。

⑵　第1期から第3期の経常的な現金流入額は、毎期5,000千円と見込まれる。

⑶　第3期末の機械処分価値は0円と見込まれる。

⑷　当社の資本コストは7％である。

【解答】

　　2年　（＝10,000千円÷5,000千円/年）

【解説】

　　1年後の回収額：5,000千円　　→残り5,000千円回収すればよい。

　　2年後の回収額：5,000千円　　→ちょうど回収した。

　　以上より、回収期間は2年となる。

　2）年々の増分現金流入額が変動する場合（補間法を適用）

$$回収期間＝（n－1）年＋1年×\frac{投資額－（n－1）年までの増分現金流入額累計}{n年増分現金流入額}$$

※　上式は、累積的増分現金流入額を用いる方法であるが、上式とは別に、年々の増分平均現金流入額を算定し、1）の算式により回収期間を算定することもある。

【例題3－17】回収期間法～年々のＣＦが異なる場合～

　以下の投資案（経済命数は3期＝3年）の回収期間を算定しなさい（端数が生じる場合には、最終値に関して小数点以下第2位を四捨五入すること）。

(1)　第1期期首の投資額は10,000千円である。

(2)　経常的な現金流入額は、第1期7,000千円、第2期5,000千円、第3期3,000千円と見込まれる。

(3)　第3期末の機械処分価値は0円と見込まれる。

(4)　当社の資本コストは7％である。

【解答】

　1.6年

【解説】

　1年後：7,000千円回収　　→残り3,000千円回収すればよい。

　2年後：5,000千円回収　　→3,000千円÷5,000千円＝0.6年で回収できる。

　以上より、回収期間は1.6年となる。

〈参考1〉　割引回収期間法

　　年々の増分現金流入額を資本コスト率で割り引くことにより現在価値を算定するところが異なるのみで、他は回収期間法と同様である。

　　【例題3－17】において、資本コスト7％で現金流入額を割り引くと、下記のようになる。

　　　第1期：7,000千円×0.9346＝6,542.2千円

　　　第2期：5,000千円×0.8734＝4,367千円

　　　第3期：3,000千円×0.8163＝2,448.9千円

　　　1年後：6,542.2千円回収　　　→残り3,457.8千円回収すべき

　　　2年後：4,367千円回収　　　　→3,457.8千円÷4,367千円＝0.79…年で回収できる。

　　以上より、割引回収期間法による回収期間は約1.79年となる。

〈参考2〉

　　上記に対する予備的見解として、年々の増分現金流入が年度末に一括的に生じるものと仮定して回収期間を算定する場合もある。

〈参考3〉　回収期間法が日本企業で多く用いられている理由

　　理論的には、プロジェクトの全体のキャッシュ・フローと時間価値を考慮する「DCF法（割引キャッシュ・フロー法：現在価値法や内部利益率法）」が優れているとされる。しかし、多くの日本企業では、回収期間法が利用されている。その理由は、積極的な設備投資が求められた高度成長期の日本では、投下資本の早期回収による再投資が求められたこと、また、低成長期の現在でも、将来の不確実性に対処するために安全性が重視されていることにある。

⑸　投資利益率法（会計的利益率法）

① 意義

　投資利益率法とは、財務会計上の年平均利益額を、平均投資額または総投資額で除して投資利益率を求め、この投資利益率の高いプロジェクトを有利とする評価法である。

② 計算式

$$投資利益率 = \frac{年平均利益額^{**}}{平均投資額^{*}} \quad or \quad \frac{年平均利益額^{**}}{総投資額}$$

$$* ：平均投資額 = \frac{当初の投資額 - 残存価額}{2} + 残存価額$$

$$** ：年平均利益額 = \frac{年々の増分現金流入額合計 - 設備の要償却額}{耐用年数}$$

（注）　上式において、平均投資額を算定する際に要償却額（＝当初の投資額 − 残存価額）を2で除す理由は、設備に投下された資本は、年々の減価償却を実施することで回収されるため、耐用年数期間を通してみれば、投下資本の平均在高が「要償却額の1/2 + 残存価額」と考えられるためである。

　　　　ただし、計算を簡略にするために総投資額で除したとしても、各案の順位は一致する。

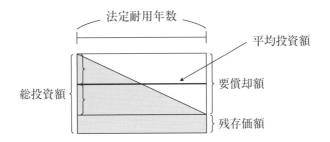

【例題3−18】投資利益率法

　以下の投資案（経済命数は3期＝3年）の投資利益率を算定しなさい。なお、①分母に平均投資額を用いた場合②分母に総投資額を用いた場合の2つに解答すること。

⑴　第1期期首の投資額は10,000千円である。

⑵　第1期から第3期までの利益（減価償却費控除前・税引前）は、毎期5,750千円と見込まれる。

⑶　投資は機械に対するものであり、残存価額を取得価額の10％、耐用年数3年、定額法により減価償却がなされる。

⑷　税率は40％である。

【解答】

① 30%

② 16.5%

【解説】

年々の税引後利益：$(5,750千円 - {}^*3,000千円) \times (1 - 40\%) = 1,650千円$

＊：$(10,000千円 - 1,000千円) \div 3年 = 3,000千円$（減価償却費）

① 平均投資額：$(10,000千円 - 1,000千円) \div 2 + 1,000千円 = 5,500千円$

投資利益率：$1,650千円 \div 5,500千円 = 30\%$

② 総投資額：$10,000千円$

投資利益率：$1,650千円 \div 10,000千円 = 16.5\%$

【参考】原価比較法

① 意義

　　原価比較法とは、各プロジェクトの年平均原価を算定し、より小さいプロジェクトを有利とする評価法である。なお、この評価法は同一の経営能力を前提としており、収益の増減は考慮されない。

② 計算式

> 年平均原価＝資本回収費*＋運営費（操業費）
>
> ＊：資本回収費＝$\dfrac{設備の要償却額}{投資案の経済命数}$

（注）　経済命数と法定耐用年数が一致する場合は、減価償却費が資本回収費となる。

〈参考１〉　第1期期首の投資額は12,000千円

　　第1期から第3期（1期1年）の運営費（操業費）は毎期1,780千円と見込まれる。

　　機械の減価償却は残存価額（3年後の処分価値と一致）1,000千円、耐用年数3年、定額法により行う。

　　この場合の年平均原価：(12,000千円−1,000千円)÷3年＋1,780千円

　　　　　　　　　　　　　＝5,446.66…千円

〈参考２〉　割引原価比較法（資本回収係数法）

　　計算式

> 年平均原価＝(投資額−処分価値)×資本回収係数＋処分価値×利子率
> 　　　　　　＋運営費（操業費）

（注）　上式の右辺第2項で処分価値（残存価額）に利子率を乗ずるのは、処分価値は最終年度末には回収できるので、年平均原価の算定上は、最低限処分価値に対する利子部分のみを毎年回収すれば足りるからである。

(6)　各種評価方法のまとめ

①　プロジェクト評価法の特徴

	ＣＦを測定	時間価値を考慮	期間全体のＣＦを考慮	評価目的
正味現在価値法	○	○	○	プロジェクトの収益性[*2]
現在価値指数法	○	○	○	プロジェクトの収益性[*3]
内部利益率法	○	○	○	プロジェクトの収益性[*4]
回収期間法	○	△[*1]	×	プロジェクトの安全性[*5]
投資利益率法	×	×	×	プロジェクトの収益性[*6]
原価比較法	×	△[*1]	×	プロジェクトの原価効率[*7]

*1：いずれも時間価値を考慮する方法もあるが、通常 "割引" という限定がない限り、時間価値を考慮しない方法を意味。

*2：正味現在価値の絶対額の算定により、投資案の収益力（収益規模）を判定。

*3：現在価値を指数で表すことにより、投資案の資金効率を判定。

*4：投資案独自の利益率の算定により、一般的なリスクと切り離した投資案固有の収益性を判定。

*5：投資額の回収期間（投資回収速度）の算定により、投資案の安全性を判定。

*6：会計上の年平均利益率の算定により、財務会計の業績予測と結びついた収益性を判定。

*7：投資の効果が収益面にも表れる場合には妥当ではないが、年平均原価により原価効率を判定。

②　プロジェクト評価法の長所・短所

	代表的な長所	代表的な短所
正味現在価値法	収益性・時間価値を考慮・金額により収益規模を判定	資本コストの決定に困難を伴う
現在価値指数法（収益性指数法）	収益性・時間価値を考慮・利益率により投資効率を考慮	資本コストの決定に困難を伴う
内部利益率法	収益性・時間価値を考慮	複数解・再投資の仮定に問題がある
回収期間法	安全性を考慮・簡便である	*時間価値・回収後の収益性を考慮しない
会計的利益率法	会計情報なので容易にデータを入手可	時間価値・キャッシュを考慮しない

＊：単純回収期間法を前提

③　正味現在価値法と内部利益率法の相違

	正味現在価値法	内部利益率法
収益性の判定値	正味現在価値の絶対額（金額）	投資案独自の利益率（比率）
計 算 利 子 率	資本コスト（最低必要利益率）	資本コストとは無関係な利益率
資本コストの機能	年々の現金流入額を現在価値に割引くときの割引率	投資案の内部利益率と比較して、採否を検討するときの切捨率
他 の 投 資 機 会	資本コストで割引くため、既に割引計算の中で考慮済み	内部利益率の算定後、資本コストと比較することで考慮

3．キャッシュ・フローの把握

プロジェクトの評価方法として、現在価値法・内部利益率法・回収期間法を採用する場合には、その前提として、当該プロジェクトのキャッシュ・フロー（現金流出入額）を把握する必要がある。

(1)　キャッシュ・フローの把握のための基礎知識

項　目	具体例	キャッシュ・フローの把握（税引前）	キャッシュ・フローの把握（税引後）
①　現金収入収益	売上	金額をCIF	金額×（1－税率）をCIF
②　現金支出費用	製造原価	金額をCOF	金額×（1－税率）をCOF
③　現金支出（費用計上されないもの）	保証金支出	金額をCOF	金額をそのままCOF
④　現金収入（収益計上されないもの）	固定資産売却収入	金額をCIF	金額をそのままCIF
⑤　非現金収入収益	固定資産売却益	なし	金額×税率をCOF
⑥　非現金支出費用	減価償却費固定資産売却損	なし	金額×税率をCIF

(i)　税金考慮前

①　現金収入収益100円が生じた場合（売上とする）

（現　金） 100　（売　上）100

②　現金支出費用100円が生じた場合（製造原価とする）

（製造原価）100　**（現　金）** 100

③　設備の保証金として100円支出した場合

（保証金）100　**（現　金）** 100

④＋⑤　80円の設備を100円で売却した場合

（現　金） 100　（設　備）80　　⎡**（現　金）** 100　（設　備）100⎤
　　　　　　　（売却益）20　　⎣（設　備）20　（売却益）20⎦

※　売却益の相手勘定は設備勘定であると考え、売却益に係るキャッシュ・フローはない。

④＋⑥　120円の設備を100円で売却した場合

（現　金） 100　（設　備）120

（売却損）20

⑥　減価償却費100円が生じた場合

（減価償却費）　100　　（設　　備）　100

(ii)　税金考慮後（税率：40％）

①　現金収入収益100円が生じた場合（売上とする）

（現　　金）　100　　（売　　上）　100

（法人税等）　40　　（現　　金）　40

②　現金支出費用100円が生じた場合（製造原価とする）

（製造原価）　100　　（現　　金）　100

（現　　金）　40　　（法人税等）　40

③　設備の保証金として100円支出した場合

（保　証　金）　100　　（現　　金）　100

※　損益には影響がないため、税金の影響はない。

④＋⑤　80円の設備を100円で売却した場合

（現　　金）　100　　（設　　備）　80　　　｜（現　　金）　100　　（設　　備）　100｜
　　　　　　　　　　　（売　却　益）　20　　　｜（設　　備）　20　　（売　却　益）　20｜

（法人税等）　8　　（現　　金）　8

④＋⑥　120円の設備を100円で売却した場合

（現　　金）　100　　（設　　備）　120
（売　却　損）　20

（現　　金）　8　　（法人税等）　8

⑥　減価償却費100円が生じた場合

（減価償却費）　100　　（設　　備）　100

（現　　金）　40　　（法人税等）　40

※　なお、減価償却費×法人税率の部分を**タックス・シールド**（tax shield）ともいう。

　　課税利益の計算上、減価償却費の損金算入が認められているために、そうでない場合と比較して、それだけ税金としての現金の流出が防げる、という意味である。

　なお、通常、キャッシュ・フローの収入・支出は会計期末に生じると仮定して計算する。ただし、設備の取得は、会計期末か会計期首のどちらかに行われると仮定する（(4)取替投資　参照）。これは、問題の指示に従うこと。

⑵　新規投資（投資の効果が収益に及ぶ場合）

①　法人税等を考慮外とした測定

【例題3-19】新規投資（法人税等は考慮外）

　農業生産法人である当社は、新規で新型農業機械を購入する計画について検討している。各年度のキャッシュ・フローを把握しなさい。

1．経済命数：3年

2．予想変動益と現金支出費用（単位：千円）　　※　変動益はすべて現金収入とする

	1年目	2年目	3年目
変　動　益	20,000	15,000	18,000
現金支出費用	15,000	13,000	14,000

3．農業機械関連の資料

　　取得原価：10,000千円

　　耐用年数3年、残存価額は取得原価の10%の定額法にて減価償却

　　3年後の処分価値は600千円（よって、3年後に売却損が400千円発生する）

【解答】（単位：千円）

		現時点	1年後	2年後	3年後
	[*3]処分価値				600
In	現金収入収益（変動益）		20,000	15,000	18,000
Out	[*2]現金支出費用		15,000	13,000	14,000
	[*1]取得原価	10,000			
Net		-10,000	5,000	2,000	4,600

　＊1：新設備取得の現金支出：ＣＯＦ

　＊2：新設備の減価償却費3,000千円：非現金支出費用でありＣＦの測定から除外

　＊3：新設備の処分価値：ＣＩＦ

　その他、設備売却損400千円：簿価と売却収入との差額であり、非現金支出費用なので法人税等は考慮外の本問では除外する。

---

② 法人税等を考慮した測定

　企業が利益を獲得すれば、その所得に対して法人税等が課税される。よって、キャッシュ・フローの測定に際しては、「法人税を考慮しない」旨の指示がない限り、法人税等を考慮した測定を行う。

【例題3－20】新規投資（法人税等を考慮）〈例題3－19の続き〉

　農業生産法人である当社は、新規で新型農業機械を購入する計画について検討している。各年度の税引後キャッシュ・フローを把握しなさい。

1．経済命数：3年

2．予想変動益と現金支出費用（単位：千円）　※　変動益はすべて現金収入とする

	1年目	2年目	3年目
変動益	20,000	15,000	18,000
現金支出費用	15,000	13,000	14,000

3．農業機械関連の資料

　取得原価：10,000千円

　耐用年数3年、残存価額は取得原価の10%の定額法にて減価償却

　3年後の処分価値は600千円（よって、3年後に売却損が400千円発生する）

4．税率は40%である。

5．当農園は黒字企業であり、この基調は向こう数年間変わらないものと予想される。

【解答】（単位：千円）

	現時点	1年後	2年後	3年後
*3 売却損に係る税節約額				160
処分価値				600
*2 減価償却費のタックス・シールド		1,200	1,200	1,200
In　現金収入変動益－現金支出費用（☆）		5,000	2,000	4,000
Out　*1 ☆に対する法人税等		2,000	800	1,600
取得原価	10,000			
Net	－10,000	4,200	2,400	4,360

　*1：（現金収入変動益－現金支出費用）×40%

　*2：新設備の減価償却費　3,000千円×40%＝1,200千円

　*3：売却損　400千円×40%＝160千円

⑶　新規投資（投資の効果が原価のみに及ぶ場合）

┌─【例題3−21】新規投資（原価にのみ影響）─────────

　トラクターの取得案・車両の賃借案に関して、各年度の税引後キャッシュ・フローを把握しなさい。

1．経済命数：3年、トラクターの取得か賃借かを検討中である。

2．トラクターの取得原価は40,000千円である。このトラクターの減価償却は、法定耐用年数4年・残存価額は取得原価の10％の定額法により行う。この車両の3年後の処分価値は15,000千円と予想されるため、売却益が2,000千円発生する。

3．トラクターの賃借料は毎年16,000千円であり、毎年度末に支払う。賃借料の支払のみP／Lに計上される。また、賃借料とは別に契約時に保証金20,000千円を支払わなければならない。この保証金は契約期間終了時に全額返却される予定である。

4．税率は40％である。

5．当社は黒字企業であり、この基調は向こう数年間変わらないものと予想される。

【解答】

①　トラクターの取得案（単位：千円）

	現時点	1年後	2年後	3年後
処分価値				15,000
In ＊¹減価償却費のタックス・シールド		3,600	3,600	3,600
Out ＊²売却益に係る税増加額				800
取得原価	40,000			
Net	−40,000	3,600	3,600	17,800

　＊1：トラクターの減価償却費は、40,000千円×0.9÷4年＝9,000千円

　　　　よって、タックス・シールドは9,000千円×40％＝3,600千円

　＊2：売却益　2,000千円×40％＝800千円

② 　トラクターの賃借案（単位：千円）

		現時点	1年後	2年後	3年後
	*1 保証金返還				20,000
In	*2 賃借料に係る税節約額		6,400	6,400	6,400
Out	賃借料		16,000	16,000	16,000
	*1 保証金支払	20,000			
Net		−20,000	−9,600	−9,600	10,400

＊1：保証金の支払・返還は、収益・費用が生じない。

＊2：賃借料　16,000千円×40％＝6,400千円

(4)　**取替投資**

取替投資に固有の論点としては、次の①～③がある。

① **現時点における旧設備売却の認識**

〈旧設備・現時点で認識するキャッシュ・フローに関して〉

①　売却価格

旧設備を使用しつづける

売却していれば得られた現金を得る機会を逃した

旧設備を使用する案のキャッシュ・アウト・フローとして把握する

②　売却損益にかかる税節約・税増加額

旧設備を使用しつづける

売却していれば売却損に係る現金を得る、という機会を逃した

（売却していれば売却益に係る現金を払う、という機会を逃した）

旧設備を使用する案のキャッシュ・アウト・フローとして把握する

（旧設備を使用する案のキャッシュ・イン・フローとして把握する）

② **売却損益の認識時点とキャッシュ・フロー**

旧設備の売却損益をいつ認識するかによって、売却損益の法人税への影響をキャッシュ・フローとして測定する時点も異なる。

１）売却時点が第０年度末である場合

売却損益：第０年度の損益に計上

　　　　　　　　　──→ 法人税への影響額：第０年度末のＣＦとして測定

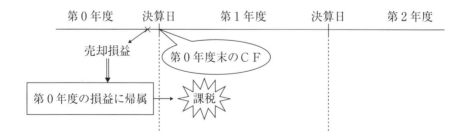

２）売却時点が第１年度期首である場合

売却損益：第１年度の損益に計上

⟶　法人税への影響額：第１年度末のＣＦとして測定

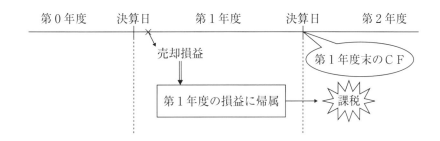

③　キャッシュ・フローの把握方法

１）新旧設備の生産能力が同一の場合

　同一用途、同一生産能力の設備への取替であるため、原価節約額の測定が目的となる。複数の取替案がある場合、旧設備のキャッシュ・フローをどのように取り扱うかにより、(ⅰ)代替案ごとに把握する方法、(ⅱ)現状維持案を取替案に含める方法の２つの方法がある。

【例題 3 −22】取替投資（生産能力が同じ場合）

　現有設備案・取替案に関して、各年度の税引後キャッシュ・フローを把握しなさい。

1．経済命数：2 年、2 年前に取得した農産物加工用設備と同じ生産能力を持つ新規設備に取り替えるべきか否かを検討中である。

2．現有設備の 2 年前の取得原価は20,000千円である。この設備の減価償却は、法定耐用年数 4 年・残存価額は取得原価の10％の定額法により行う。現有設備の現時点における売却価額は9,000千円、2 年後の処分価値は1,500千円と予想されるため、現時点で売却した場合は売却損が2,000千円、2 年後に売却した場合は売却損が500千円発生する。

3．新規設備の取得原価は24,000千円である。この設備の減価償却は、法定耐用年数 4 年・残存価額は取得原価の10％の定額法により行う。新規設備の 2 年後の売却価額は10,000千円、売却損が3,200千円発生すると予想される。なお、取替は第 0 期末（会計期末）に行われる。

4．新規設備は性能が良いため、新規設備を利用することで、農産物加工に伴う年15,000千円の現金支出費用が年12,000千円へと減少するため、年々の現金支出費用が3,000千円節約される。

5．税率は40％である。

6．当社は黒字企業であり、この基調は向こう数年間変わらないものと予想される。

【解答】

　現時点：−14,200千円　　1 年後：2,160千円　　2 年後：11,740千円

【解説】

(i) 代替案ごとに把握する方法

現有設備案（単位：千円）

	現時点	1年後	2年後
現有設備売却損に係る税節約額			200
現有設備の売却価額			1,500
In　減価償却費のタックス・シールド		1,800	1,800
Out　*現有設備の売却価額（機会原価）	9,000		
*法人税減少の機会原価	800		
Net	−9,800	1,800	3,500

＊：売却しないことにより、売却していたら得られたであろう9,000千円を得る機会を逃したため、キャッシュ・アウト・フローとして把握する。また、売却損2,000千円が発生することで、800千円の節税の機会も併せて逃したため、2,000千円×40％＝800千円もキャッシュ・アウト・フローとして把握する。

※　網掛け部分の800千円に関して

資料3.において、本問は期末に取替を行っているが、本問が「第1期首に取替」とあれば、この800千円を、1年後に認識することとなる。

取替案（単位：千円）

	現時点	1年後	2年後
新規設備売却損に係る税節約額			1,280
新規設備の売却価額			10,000
減価償却費のタックス・シールド		2,160	2,160
In　*現金支出費用の節約額（☆）		3,000	3,000
*☆に係る税増加額		1,200	1,200
Out　　新規設備の取得原価	24,000		
Net	−24,000	3,960	15,240

＊：現金支出費用が節約されるため、3,000千円をキャッシュ・イン・フローとして把握する。また、費用が3,000千円減少するため、3,000千円×40％＝1,200千円の増税となり、キャッシュ・アウト・フローとして把握する。

(ii)　現状維持案を取替案に含める方法

　　取替案に共通する旧設備のキャッシュ・フローを取替案に含め、新旧設備の差額キャッシュ・フローを取替案ごとに把握し、各取替案どうし比較して最も有利な案を採択する方法。

　　Point：旧設備のキャッシュ・フローの取扱い

現状維持案		取　替　案
キャッシュ・イン・フロー	⟶	キャッシュ・アウト・フロー
キャッシュ・アウト・フロー	⟶	キャッシュ・イン・フロー

	現時点	1年後	2年後
In	9,800	3,960	15,240
Out	24,000	1,800	3,500
Net	−14,200	2,160	11,740

太線部分：取替案のキャッシュ・フロー

細線部分：現状維持案のキャッシュ・フローで、取替案に含める額

2）新設備の生産能力が拡大する場合

同一用途への設備の取替であるが、新設備の生産効率が向上した等の理由により、実質的に生産能力の拡張をもたらす場合がある。

【例題 3 −23】取替投資（生産能力が拡大する場合）

当社は農業機械設備の取替について模索している。現状維持案を取替案に含める方法により、各年度の税引後キャッシュ・フローを把握しなさい。

1．販売価格12,500円/kg

2．現有設備によれば、毎年80,000kgの農産物の生産販売が可能となる。なお、単位当たり変動現金支出原価は8,000円/kgである。また、設備の減価償却費は6,000万円である。

3．新規設備によれば、1年目は80,000kg、2年目は95,000kg、3年目は90,000kgの生産販売が可能である。なお、単位当たり変動現金支出原価は7,500円である。新規設備の導入により、年間設備保全費増加額は650万円（現金支出原価）であり、また、設備の減価償却費は9,000万円である。

4．税率は40％である。

5．当社は黒字企業であり、この基調は向こう数年間変わらないものと予想される。

【解答】

現時点：0万円　　1年後：3,210万円　　2年後：7,710万円

3年後：6,210万円

【解説】

現状維持案を取替案に含める方法（単位：万円）

	現時点	1年後	2年後	3年後
*¹ 減価償却費のタックス・シールド増加		1,200	1,200	1,200
In　*² 原価節約＋収入増加（税引後）		2,010	6,510	5,010
Out				
Net	0	3,210	7,710	6,210

＊1：旧設備減価償却費に係るタックス・シールド　6,000万円×40％＝2,400万円

新設備減価償却費に係るタックス・シールド　9,000万円×40％＝3,600万円

よって、タックス・シールド増加額は　3,600万円−2,400万円＝1,200万円

＊2：1年後　収入の増加額　販売数量は80,000kgで変わらないため、0円

原価の発生額　旧設備：8,000円/kg×80,000kg×（1－40％）＝38,400万円

新設備：（7,500円/kg×80,000kg＋650万円）×（1－40％）

＝36,390万円

原価の節約額　38,400万円－36,390万円＝2,010万円

原価の節約額＋収入の増加額　2,010万円＋0円＝2,010万円

2年後　収入の増加額　新設備にすれば、販売数量が15,000kg増加するため、

12,500円/kg×15,000kg×（1－40％）＝11,250万円

原価の発生額　旧設備：8,000円/kg×80,000kg×（1－40％）＝38,400万円

新設備：（7,500円/kg×95,000kg＋650万円）×（1－40％）

＝43,140万円

原価の節約額　38,400万円－43,140万円

＝－4,740万円（新設備にしたら原価が増加）

原価の節約額＋収入の増加額　11,250万円－4,740万円＝6,510万円

3年後　収入の増加額　新設備にすれば、販売数量が10,000kg増加するため、

12,500円/kg×10,000kg×（1－40％）＝7,500万円

原価の発生額　旧設備：8,000円/kg×80,000kg×（1－40％）＝38,400万円

新設備：（7,500円/kg×90,000kg＋650万円）×（1－40％）

＝40,890万円

原価の節約額　38,400万円－40,890万円

＝－2,490万円（新設備にしたら原価が増加）

原価の節約額＋収入の増加額　7,500万円－2,490万円＝5,010万円

⑸　運転資本への投資

　一般的な製造業において、新製品の生産や既存設備の拡張投資など、営業活動の増大を
もたらす投資が行なわれると、その規模に応じて売上債権や棚卸資産が増加し、また仕入
債務も増加する。キャッシュ・フローの測定では、流動資産の増加分から流動負債の増加
分を差し引いた、流動資産の純増加分に対する追加投資額を、各年度の業務活動を開始す
る際の投資額として把握しなければならない。農業簿記においても、運転資本に対する投
資についても考慮に入れなければならない。

①　キャッシュ・フローとしての認識

　一般的な感覚からすると流動資産の増加は、企業にとって有利なことであり、流動負債
の増加は不利なことのように思える。しかし、キャッシュ・フローという視点から見た場
合は、まったく逆の解釈となる。

キャッシュ・フローの視点	キャッシュ・フローの認識
流動資産の増加：現金流入の繰延*1 ⟶	キャッシュ・アウト・フロー
流動負債の増加：現金流出の繰延*2 ⟶	キャッシュ・イン・フロー

　＊1：売上債権や棚卸資産の増加は、当該金額が債権の回収を通じて現金化されるまでの資金拘
　　　束を意味。→回収されるまで、当該プロジェクトに同額の資金を手当てする必要があるた
　　　め、キャッシュ・アウト・フローとして認識。

　＊2：仕入債務の増加は、当該金額が債務の返済を通じて社外流出するまでの資金緩和を意味。
　　　→返済されるまで、当該、又は他のプロジェクトにも同額の資金を融通できるため、
　　　キャッシュ・イン・フローとして認識。

　したがって、運転資本の純増減額をキャッシュ・フローとして認識しなければならな
い。

②　キャッシュ・フローの測定

　運転資本の増加に対する投資額は、年々の売上高（変動益）が等しい場合と変動する場
合とではその測定額が異なる。それは、営業活動に関連して生ずる運転資本は、売上高
（変動益）の増減と比例関係にあると考えられるからである。

　※　流動資産・流動負債の増減に係るキャッシュ・フローなので、税率は無関係である。

―【例題3－24】運転資本―――――――――――――――――

運転資本に係るキャッシュ・フローを把握しなさい。

1．作物Aの販売予測

　　　1年目～3年目　10,000kg　　販売価格　8,000円/kg

2．作物Bの販売予測

　　　1年目　7,500kg　　2年目　9,500kg　　3年目　8,000kg

　　　販売価格　12,500円/kg

3．運転資本の対変動益比率

　　　売上債権　12%　　棚卸資産　6%　　仕入債務　8%

4．正味運転資本への投資は、生産活動を開始するための投資と考え、次年度の予想
　　変動益を基準として、投資の現時点から毎年度末に生ずるものと仮定。

【解答】

	現時点	1年後	2年後	3年後
作物A	－8,000千円	0千円	0千円	8,000千円
作物B	－9,375千円	－2,500千円	1,875千円	10,000千円

【解説】

〔キャッシュ・フローの把握〕（単位：千円）

〔作物A〕

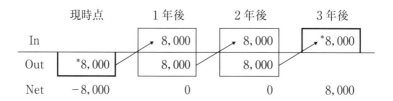

　＊：年々の正味運転資本が同額であるため、期中を相殺して始点と終点でのみ把握。

　※　（8,000円/kg×10,000kg）×（12%＋6%－8%）＝8,000千円

〔作物 B 〕

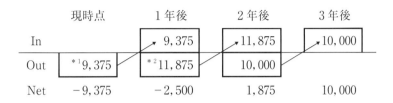

	現時点	1 年後	2 年後	3 年後
In		9,375	11,875	10,000
Out	*1 9,375	*2 11,875	10,000	
Net	−9,375	−2,500	1,875	10,000

※　年々の正味運転資本が変動するため、毎年度末に把握。

＊ 1 ：(12,500円/kg×7,500kg)×(12% ＋ 6 ％ − 8 ％)＝9,375千円

＊ 2 ：(12,500円/kg×9,500kg)×(12% ＋ 6 ％ − 8 ％)＝11,875千円

４．正味現在価値法と内部利益率法の対比

⑴　二つの内部利益率

①　典型的な投資案の場合

　典型的な投資案においては、通常その現金流列は「－＋＋＋」、「－－＋＋」と表される。この場合、正負の記号の変化は１回のみ。したがって、内部利益率の数も１個存在するのみである。

②　非典型的な投資案の場合

　ある投資案においては、現金流列が「－＋＋－」、「－＋＋－＋」と表される場合もある。この場合、正負の記号の変化が２回あるいは３回となり、複数個の内部利益率が算定される可能性がある。このため、複数の内部利益率のうち、いずれが正しいのかを識別できず、当該投資案の評価に内部利益率を用いるのは誤りである。

　（計算例）

　　以下の投資案につき内部利益率法により評価を行い、２つの内部利益率が算定されることを検証しなさい。

　　　初期投資額　　　100億円

　　　現 金 流 列　　　1年後：110億円　　　2年後：121億円　　　3年後：－133億円

Ｆ ｔ	現価係数（10%）	現在価値	現価係数（20%）	現在価値
110億円	0.9091	100億円	0.8333	92億円
121億円	0.8264	100億円	0.6944	84億円
－133億円	0.7513	－100億円	0.5787	－77億円
合　　計		100億円		99億円
投資額		100億円		100億円
Ｎ Ｐ Ｖ		0億円		－1億円

　　上表から分かるように、「－＋＋－」といった現金流列をなす投資案の場合、２つの内部利益率（約10%と約20%）が算定されることになる。

　　なお、以下では、単一の内部利益率が算定される典型的な投資案を前提に、正味現在価値法と内部利益率法の比較を行う。

⑵　投資案採否の判定

正味現在価値（ＮＰＶ）と割引率の関係を示すと以下のようになる。

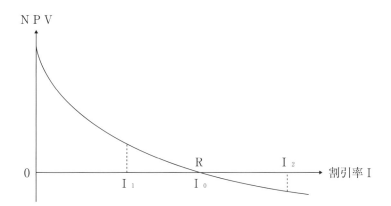

出典：石塚博司共著『意思決定の財務情報分析』1985年　国元書房　Ｐ40

上図のように、割引率Ｉが増加するにつれ、正味現在価値（ＮＰＶ）は単調に減少する。内部利益率は正味現在価値（ＮＰＶ）をゼロにする割引率であるから、ＮＰＶ曲線と横軸の交点Ｒがそれを表す。

ここに、Ｉ＝I_1の場合、ＮＰＶ＞0であり、なおかつＲ＞I_1となり、どちらの評価でも当該投資案は採択に値する。

また、Ｉ＝I_2の場合は、ＮＰＶ＜0であり、なおかつＲ＜I_2となり、どちらの評価でも当該投資案を棄却すべきことになる。

以上より、個々の典型的な投資案の採否の評価に関して、正味現在価値法と内部利益率法は全く同一の判定を下すことになる。

⑶　投資案の順位付け

　個々の投資案の採否ではなく、複数の投資案に順位を付ける場合、正味現在価値法と内部利益率法による順位が異なる場合がある。投資案の順位付けの問題は、資金量に制約があり、資本割当が必要な場合、あるいは投資案が相互に排他的（一方を採択すれば他方は採択不可能という状況）である場合に起こってくる。

　（設例）　２つの投資案ＧとＨの順位付け

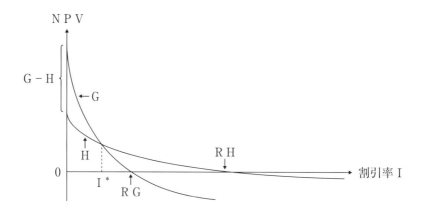

出典：石塚博司共著『意思決定の財務情報分析』1985年　国元書房　P41

　内部利益率法によれば、ＲＨ＞ＲＧより、明らかにＨ案の方がＧ案よりも優れている。これに対し、正味現在価値法によれば、割引率I^*を境に優劣は逆転してしまう（$I>I^*$であればＨ案の方が有利、$I<I^*$であればＧ案の方が有利）。したがって、$I<I^*$のときには投資案の順位が２つの方法で全く逆になる。そこで、この場合にいずれの評価が合理性を有するか、Ｇ－Ｈ案という架空の投資案を想定して検討する。

①　資金に制約が存在しない場合（I^*より低い利子率で自由に資金調達できる場合）

　この場合は、投資案の規模（投資から得られるキャッシュの大きさ）が重視される。ここに、正味現在価値法においてＧ案を選択するということは、Ｈ案とＧ－Ｈ案を選択することと同じである。

　他方、Ｇ－Ｈ案の内部利益率はI^*となる（Ｇ－Ｈ＝0→Ｇ＝Ｈ）。しかし、Ｇ－Ｈ案は架空の投資案であるから、内部利益率法によってＨ案とＧ－Ｈ案をあわせて採用することは不可能である。

　以上より、正味現在価値法により、Ｇ案を選択することが合理的ということになる。

② **資金に制約が存在する場合**

　この場合は、効率的な投資のため、投資案の収益性が重視され、他の独立した投資機会の収益性に依存して評価法の合理性は決定される。

　まず、G－H案に相当する投資額を支出して、G－H案の収益率（I[*]）を上回るような投資機会が存在する場合においては、当該独立投資案と内部利益率法によるH案をあわせて選択することが合理的である。

　これに対し、G－H案に相当する投資額を支出しても、G－H案の収益率（I[*]）を下回るような投資機会しか存在しない場合においては、正味現在価値法により、G案を選択することが合理的である。

　なお、現実には概ね後者のケースが想定される（「再投資の仮定」を参照）ため、この場合においても正味現在価値法による評価に依拠すべきであると考えてよい。

⑷　価値加法性の原理

　価値加法性の原理とは、資本予算において、各投資案を独立に評価し、採択された各投資案の価値を加算して求めた総合計が企業の価値と等しくなることをいう。

　資本予算の編成においては、各種制約条件下で最大の投資利益が得られるような投資案の組み合わせを決定することが問題となり、仮に加法性が成立するならば、資本予算編成において非常に望ましい。

　ここに、正味現在価値法において加法性の原理は成立するが、内部利益率法には当該原理は当てはまらない。

（設例）

　投資案甲、乙、丙が存在し、甲と乙は相互排他的であり、丙は独立している。ここに、加法性の原理が成立するならば、丙案を考慮することなく、甲、乙の二者択一の問題となる。

3つの投資案と組み合わせ

	甲案	乙案	丙案	（甲＋丙）案	（乙＋丙）案
現時点	−200億円	−200億円	−200億円	−400億円	−400億円
1年後	0億円	400億円	700億円	700億円	1,100億円
2年後	1,000億円	0億円	0億円	1,000億円	0億円
NPV	626億円	164億円	436億円	1,063億円	600億円
IRR	124%	100%	250%	168%	175%

（注）　割引率には10％を適用している。

　まず、内部利益率法によれば、甲、乙の二者択一では甲が選ばれる。しかし、丙を加えた組み合わせを考えるならば、甲＋丙ではなく乙＋丙が選ばれる。つまり、比率で算定される内部利益率法においては、加法性の原理は成立せず、資本予算編成時の有効性に限界がある。

　これに対し、正味現在価値法によれば、甲、乙の二者択一では甲が選ばれる。また、丙を加えた組み合わせにおいても、甲＋丙が選ばれる。つまり、金額で算定される正味現在価値法においては、加法性の原理が成立し、資本予算編成において望ましい評価法であるといえるのである。

⑸　再投資の仮定

　正味現在価値法と内部利益率法では、将来のキャッシュ・フローがいかなる利益率で再投資されるのかという点において、暗黙のうちに異なる仮定を設けている。

　まず、正味現在価値法では、割引計算で適用される利子率（資本コスト率）で再投資されると仮定している。

　これに対し、内部利益率法においては、当該投資案独自の利益率である内部利益率で再投資されることが前提にある。

　そこで問題は、２つの仮定のいずれが妥当性を有するかという点である。再投資されるということは、資金を他の代替的用途に使用することが断念されることを意味する。それゆえ、再投資からの利益率は、資本の機会原価を表すものでなければならない。資本コスト率は、投資から期待される最低必要な利益率であり、市場で決定される機会原価と考えられる。これに対して内部利益率は投資案ごとに異なり、概して資本コスト率よりも大きい。

　ここに、再投資の対象として、高い収益率をもつ投資機会を想定することは、現実性に乏しいといえる。したがって、再投資の仮定としては、正味現在価値法における資本コスト率の方が妥当であると結論づけられる。

■■■ 第4節　不確実性（リスク）を考慮した意思決定 ■■■

1．不確実性を考慮する理由

(1)　投資における不確実性

　前節までは、投資における不確実性（リスク）の問題に立ち入ることなく、将来のキャッシュ・フローの予測値は確実なものとして説明をしてきた。ここで不確実性（リスク）とは、**起こりうる事象が一つではなく、しかもそのいずれが生ずるかを予め知ることができない状態**のことをいう。

　一般に、投資案がもたらすキャッシュ・フローの予測値は将来における経済環境の状況等によって左右される。将来の状態を投資決定の時点（現時点）において確実に知ることは不可能であるから、将来のキャッシュ・フローは、原則として確実な価値をもたらすとはいえない。つまり、予測される将来のキャッシュ・フローは不確実なものであり、リスクを伴うのである。

　農業においても天候不順や飼料価格の高騰など様々な不確実な環境要因に直面している。不確実性の高い環境下で営まれる農業の場合には、投資計算において、そのような不確実性も考慮して計算を行うことが妥当である。

(2)　リターンのみを考慮することの問題点

　一般に、「ハイリスク・ハイリターン」「ローリスク・ローリターン」といわれるように、リスクを回避することと大きなリターンを獲得することの間には、トレード・オフの関係がある。そのため、リスクを考慮せずリターンのみに着目してハイリターンな投資案を選択するということは、ハイリスクな投資案ばかりを選択することを意味し、企業の安定成長という観点から望ましくない。

　そこで、本節では将来のキャッシュ・フローが不確実にしか予測できないことを前提とし、企業が行う投資決定の問題をさらに掘り下げて検討することにする。

2．不確実性に対処する方法

(1)　回収期間の変更

　回収期間を投資案の選択基準として利用する場合、**リスクが高いと考えられる投資案ほど、ハードル（カットライン）としての回収期間を短く設定**する。

　例えば、リスクが低いと考えられる投資案は、回収期間が3年以内ならば採用しているような場合でも、リスクが高いと考えられる投資案は、回収期間が2年以内でなければ採用しないようにする等が考えられる。

⑵　期待値の算定

将来の情報が不確実であっても、事象の発生確率を決定し期待値を算定することで、そのデータの有用性を高めることはできる。

E：期待値、n：各事象の数、R_i：各事象の数値、P_i：各事象の確率

（期待値）＝（各事象の数値に確率を乗じたものの合計）

$$E = (P_1 \times R_1) + (P_2 \times R_2) + \cdots\cdots + (P_n \times R_n)$$

$$\therefore E = \sum_{i=1}^{n} (P_i \times R_i)$$

【例題3−25】期待値の算定

50億円の投資案として、AとBがある。両者の利得表が以下のように与えられているとき、どちらの案が有利であるかを検討しなさい。

	雨天	曇天	晴天
A　案	30億円	60億円	100億円
B　案	40億円	62億円	90億円
発生確率	0.1	0.5	0.4

【解答】

A案の方が2億円有利である。

【解説】

A案：30億円×0.1＋60億円×0.5＋100億円×0.4＝73億円

B案：40億円×0.1＋62億円×0.5＋90億円×0.4＝71億円

以上より、73億円－71億円＝2億円となり、A案の方が有利である。

⑶　リスク調整法

リスクに応じて投資案のキャッシュ・フローを修正する方法（確実性等価法）と、リスクに応じて割引率を調整する方法（リスク調整割引率法）がある。

①　確実性等価法

あるプロジェクトからの不確実なキャッシュ・フローと同じ効用をもつ確実なキャッシュ・フロー（確実性等価額）を決定し、それをリスクフリー・レート（純粋利子率）で割り引いて評価する。

不確実なキャッシュ・フローをX_t、確実なキャッシュ・フローをE_t、

確実性等価係数α_tとすると、$E_t = \alpha_t \times X_t$　→　$\therefore \alpha_t = E_t / X_t$

② リスク修正割引率法（危険修正割引率法）

不確実なキャッシュ・フローの評価に際して、年々のキャッシュ・フローの修正をする代わりに、割引率をリスク・プレミアムを加味した「リスクを調整した割引率」に修正する。ここで、リスク・プレミアムとは、リスクの格差に対して支払われるべきリターンの割増分をいう。

リスク調整割引率をr_a、リスクフリー・レートをr_f、リスク・プレミアムをρとすると、

$$r_a = r_f + \rho \qquad (\rho = r_a - r_f)$$

3．情報の価値

⑴　完全情報の価値

　完全情報とは、**どの事象が生起するかを正確に伝える情報**をいう。したがって、ある事象が生起するとの完全情報を得たときには、その事象において利益が最大となる代替案を採択できることになる。なお、完全情報の入手確率は事象の生起確率と等しくなる。

　また、完全情報がある場合には、それがない場合に比べてより適切な意思決定が可能となる。その結果、完全情報がある場合には**完全情報がない場合に比べて期待利益が増加**する。この**期待利益の増加額**を、**完全情報の価値**という。

【例題3－26】完全情報の価値

　下記の利益表をもとに、①情報がない場合の期待利益を算定しなさい。②完全情報が得られる場合の期待利益を算定しなさい。③完全情報の価値を算定しなさい。なお、売れ残ったものは廃棄する。

利　益　表

販売量	生起確率	生産量	
		100個	200個
100個	0.6	10,000円	−5,000円
200個	0.4	10,000円	20,000円

　（注）　予測販売量にもとづいて、生産量を決定する

【解答】

①　10,000円

②　14,000円

③　4,000円

【解説】

①　情報がない場合の期待利益：各生産量における期待利益を比較する

　　生産量100個：10,000円×0.6＋10,000円×0.4＝**10,000円**　　　←選択

　　生産量200個：（−5,000円）×0.6＋20,000円×0.4＝5,000円

　　∴期待利益　10,000円

② 完全情報がある場合の期待利益：各予想販売量における最適生産量から計算する

予想販売量100個⇒生産量100個：10,000円

予想販売量200個⇒生産量200個：20,000円

∴期待利益　20,000円×0.4＋10,000円×0.6＝14,000円

③ 完全情報の価値　14,000円－10,000円＝4,000円
　　　　　　　　　　　　　　情報がない場合の期待利益

(2)　不完全情報の価値（参考）

　一般に入手できる情報は、どの事象が生起するかを「完全に」正確に伝えるものではない場合がほとんどである。このような完全ではない情報を不完全情報という。不完全情報がある場合にも、それがない場合に比べてより適切な意思決定が可能となる。その結果、不完全情報がある場合には不完全情報がない場合に比べて期待利益が増加する。この期待利益の増加額を、不完全情報の価値という。

【例題 3 －27】不完全情報の価値

　下記の利益表及び資料をもとに、不完全情報の価値を算定しなさい。

利　益　表

販売量	生起確率	生産量	
		100個	200個
100個	0.6	10,000円	－5,000円
200個	0.4	10,000円	20,000円

〈入手する情報の正確性は〉

(i)　実際販売量が100個の時に、販売量100個の予測情報を受け取っていた確率：90％

(ii)　実際販売量が200個の時に、販売量200個の予測情報を受け取っていた確率：80％

【解答】

　2,300円

【解説】

手順①：不完全情報の正確度：不完全情報の事後確率を算定する

1）**条件付確率**⇒ある状態のときに、特定の予測情報を受けとる確率

→資料(ⅰ)(ⅱ)を基に

		実際販売量	
		100個	200個
予測	100個	0.9	0.2
	200個	0.1	0.8
計		*1*	*1*

2）**同時確率**⇒ある状態が生じ、かつ特定の予測情報を受けとる確率

→条件付確率＋各販売量の生起確率を基に

		実際販売量		計
		100個	200個	
予測	100個	0.54 (=0.9×0.6)	0.08 (=0.2×0.4)	0.62
	200個	0.06 (=0.1×0.6)	0.32 (=0.8×0.4)	0.38
計		0.6	0.4	*1*

3）**事後確率**⇒特定の予測情報を受けとったときに、ある状態が生じる確率

→同時確率を基に

		実際販売量		計
		100個	200個	
予測	100個	54/62	8/62	*1*
	200個	6/38	32/38	*1*

手順②：特定の予測情報を受けとったときの期待利益

1．販売量100個の予測情報を受けとったとき

　　生産量100個：10,000円×54/62＋10,000円×8/62＝10,000円

　　生産量200個：（−5,000円）×54/62＋20,000円×8/62

　　　　　　　　　≒−1,774円（円未満四捨五入）

　　∴生産量100個が有利。

2．販売量200個の予測情報を受けとったとき

　　生産量100個：10,000円×6/38＋10,000円×32/38＝10,000円

　　生産量200個：（−5,000円）×6/38＋20,000円×32/38

　　　　　　　　　≒16,053円（円未満四捨五入）

　　∴生産量200個が有利。

3．不完全情報がある場合の期待利益

　　10,000円×0.62＋16,053円×0.38≒12,300円

4．不完全情報の価値　12,300円−10,000円＝2,300円
　　　　　　　　　　　情報がない場合の期待利益

第 4 章　標準原価計算

第1節　標準原価計算総論

1．標準原価計算

『基準』四(一)2

標準原価とは、財貨の消費量を科学的、統計的調査に基づいて能率の尺度となるように予定し、かつ、予定価格又は正常価格をもって計算した原価をいう。この場合能率の尺度としての標準とは、その標準が適用される期間において達成されるべき原価の目標を意味する。

原価計算編まではすべて実際原価計算、すなわち、実際に生じた原価を計算した。実際原価計算は、工場などで実際に発生した原価を集計するものであるため、原価計算の基礎となる。しかし、いくつかの問題点もある。

① 時間がかかる
② 原価管理にあまり役立たない

標準原価計算を行えば、問題点を克服できる！

① 例えば直接材料費の計算において、実際原価計算では

実際消費価格（又は予定消費価格）×実際消費量

により算定するが、実際消費量が期末に確定されるまで、製品原価を計算することはできない。

② 同じ1個のものを生産した場合において、例えば、

(i)
| 4月：30円/kg×40kg＝1,200円 |
| 5月：40円/kg×30kg＝1,200円 |

であるとき、製造部門の成果がわからない

 そこで、予定消費価格（35円/kg）を用いると

(ii)
| 4月：35円/kg×40kg＝1,400円 |
| 5月：35円/kg×30kg＝1,050円 |

となり、4月より5月の方が効率的に製造したとわかる（原価の期間比較は可能となる）

しかし、4月よりも5月の方が原価が安くなったからといって単純に喜んでよいのだろうか？

科学的、統計的に算定された「標準原価」と実際の原価(i)を比較することで、4月及び5月の業績を測る。

すなわち、例えば標準原価が1,000円であれば、4月も5月も原価がかかりすぎであると判明する。

2．農業簿記における標準原価計算の位置づけ

　一般的な工企業における原価計算では古くから標準原価計算の適用がなされてきており、標準原価計算制度も実際原価計算制度と並び原価計算制度の一つとして認められてきた。以下、3で説明するような原価管理目的をはじめとする標準原価計算の役立ちを求めて、標準原価計算は一般的な製造業において広く用いられてきた原価計算システムである。

　これに対して、農企業における原価計算においては、標準原価計算の適用は広く行われてこなかった。これは、標準原価計算の適用の前提として、安定した生産環境の存在や直接工による反復継続的な作業が求められたためである。すなわち、農業においては気候変動などの外的要因に大きく生産環境が左右され、単一の規格製品を大量生産するような反復継続的な作業によって農産物が生産されるわけではないことから、標準原価計算の適用は広く行われることはなかったのである。しかしながら、科学技術の発達により従来であれば困難であった農作業の科学的統計的見積もりが可能となるなど、環境変化が著しい。標準原価計算を制度としての原価計算としては適用しないものの、特殊原価調査として標準原価計算を実施することなども今後考えられることから、ここにおいて標準原価計算の計算構造について説明を行うことにする。

3．標準原価計算の目的

> ┌─『基準』四〇 ─────────────────────────────
> ㈠　原価管理を効果的にするための原価の標準として標準原価を設定する。これは標準原価を設定する最も重要な目的である。
> ㈡　標準原価は、真実の原価として仕掛品、製品等のたな卸資産価額および売上原価の算定の基礎となる。
> ㈢　標準原価は、予算とくに見積財務諸表の作成に、信頼しうる基礎を提供する。
> ㈣　標準原価は、これを勘定組織の中に組み入れることによって、記帳を簡略化し、じん速化する。
> └──────────────────────────────────────

⑴　原価管理目的

　上述の『基準』四㈠2のように、「科学的、統計的調査に基づいて能率の尺度となるように予定」された標準原価は、次の3大機能を効果的に果たすので、原価管理に役立つ。

〔原価管理の3大機能〕

① 伝達機能

　標準が、作業の能率水準であることを、現場管理者に文書の形（『基準』四三）で提示する。

　また、これにより、原価標準の内容を十分に説明し、実施担当者の納得を得ることができる。

② 動機づけ機能

　標準が、科学的で、努力すれば達成可能な水準（希求水準）に設定されていれば、管理者と作業者は指示された標準を納得して受け入れ目標達成に向けて奮起する。

③ 業績評価機能

　原価実績が原価標準に照らし合わされ、批判・評価される。原価差異は職制上の責任に結び付けて測定し報告され、将来の業績改善に向けて是正措置と情報のフィードバックが行われる。

⑵　財務諸表作成目的

　財務諸表作成に役立つ原価数値は、正常消費量が前提となるが、この正常消費量の概念を最もよくあらわしているのが標準消費量であると考えられる。よって、標準原価は真実の原価として、財務諸表作成に役立つ。

(3)　予算管理目的

　予算編成（特に製造費用予算）の際に、科学的、統計的調査に基づいて設定された標準原価を用いることで、信頼性の高い予算を設定することができる。しかし、標準原価は、個々の作業単位ごとの個別的な能率の基準を示すにすぎないため、これを単純に積み上げても企業全体の諸活動を統制する予算とはならない。よって、予算は標準原価に一定のアローワンスを加味して編成されるのが望ましい。

〔予算原価と標準原価におけるコントロールの関係〕

区　　分	標準原価	予算原価
管　理　単　位	個々の作業のコントロール	総　合　的　管　理
管　理　担　当　者	現　場　管　理　者	上・中級管理者
視　　　　　点	物量的管理を重視	金　額　的　管　理
実際原価との比較	実際操業度の標準原価	予定操業度における予算原価
表　　　　　示	製品別作業当たりが中心	期　　間　　的

(4)　記帳の簡略化、迅速化目的

　標準原価は、価格及び消費量が事前に予定された原価なので、これを勘定体系に組み込むことにより、各種帳票は数量だけの記録で済む。また、製品の完成と同時に製品原価の計算がなしうるので月次決算の迅速化が図られる。

　このような目的は、農業簿記でも当てはまるものであり、標準原価計算を農業簿記において採用する余地は大きいといえる。従来、自然を相手とする農業特有の状況から標準原価計算の適用事例は決して多くみられない。科学的・統計的調査に基づいて標準消費量の設定を行うことの困難性が指摘されるが、工業簿記における標準原価設定を全面的に採用する必要性はなく、その思考方法を中心に農業簿記への適用可能性を示唆することを目的として本章を創設する。

４．標準原価の種類

⑴　原価標準と標準原価

　以下一般的な工業簿記を前提として、標準原価に関する議論を俯瞰する。

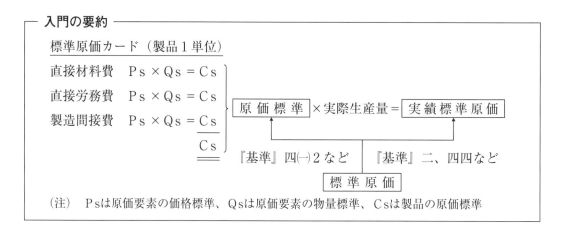

①　原価標準（cost standard）

　原価標準とは、一定単位の製品についてかかるべき原価（例えば、"1個当たり100円"）として事前的に予定された原価の目標値を意味する。

②　実績標準原価（standard cost）

　実績標準原価とは、実際生産量に原価標準を乗じて計算される事後的に達成されるべきであった原価の実績値（20個製造したならば、100円/個×20個＝2,000円）を意味する。

　（注）　単に標準原価という場合には、この実績標準原価を指すことが多い。

⑵　原価改訂頻度の相違による分類

　標準原価は、初期に設定された標準（価格標準や物量標準）が改訂される頻度ないし標準の固定性の相違に応じて、当座標準原価と基準標準原価とに分類される。

①　当座標準原価（current standard cost）

　当座標準原価とは、標準が適用される期間の実状に応じて**毎期改訂される標準原価**である。よって、当座標準原価は、製品仕様や製造方法等、標準を設定する基礎的条件が変化したときはもちろんのこと、価格や能率水準が変化した場合にもしばしば改訂されるため、原価管理のみならず予算管理や棚卸資産評価にも適している。

② **基準標準原価**（basic standard cost）

　基準標準原価とは、標準を設定した**基礎的条件が変化しない限り改訂しない標準原価**である。よって、基準標準原価は、長期間固定されることから、原価の変動傾向を測定する尺度ないし基準となるが、能率水準が変化しても現実に即するように修正されないので、棚卸資産評価や原価管理には直接的には役立たない。

③ **『基準』の標準原価について**

```
─『基準』四二──────────────────────────
　標準原価は、原価管理のためにも、予算編成のためにも、また、たな卸資産価額および売上原価算定のためにも、現状に即した標準でなければならないから、常にその適否を吟味し、機械設備、生産方式等生産の基本条件ならびに材料価格、賃率等に重大な変化が生じた場合には、現状に即するようにこれを改訂する。
```

　『基準』四二より、『基準』の標準原価は当座標準原価であることがわかる。

〔まとめ〕

	機　能	適用期間	改訂事由	領　域
当座標準原価	原価管理棚卸資産評価	比較的短期	価格、能率等の変化経営構造の変化	制　度
基準標準原価	原価の変動傾向の測定尺度	比較的長期	経営構造の変化	制度外

⑶　**標準の厳格度の相違による分類**

　標準原価は、標準の厳格度（tightness）の相違によって、一般に現実的標準原価、正常原価、理想標準原価の３種類の標準原価に分類される。また理論的には標準原価ではないが、『基準』では予定原価（見積原価）も広い意味での標準原価として規定しているため、以下これも含めて考察する。

①　現実的標準原価

『基準』四㈠2

　現実的標準原価とは、良好な能率のもとにおいて、その達成が期待されうる標準原価をいい、通常生ずると認められる程度の減損、仕損、遊休時間等の余裕率を含む原価であり、かつ、比較的短期における予定操業度および予定価格を前提として決定され、これら諸条件の変化に伴い、しばしば改訂される標準原価である。現実的標準原価は、原価管理に最も適するのみでなく、たな卸資産価額の算定および予算の編成のためにも用いられる。

　現実的標準原価は、「良好な能率」つまり**努力すれば達成可能な能率水準**において、通常生ずると認められる程度の消費余裕を含めて設定される。それゆえ、この原価は、標準を指示される人々に達成可能な努力目標として受け入れられ、かつ比較的短期における経済条件の変化に応じて改訂されるため、**原価管理に最も適している**とされる。

②　正常原価（正常標準原価）

『基準』四㈠2

　正常原価とは、経営における異常な状態を排除し、経営活動に関する比較的長期にわたる過去の実際数値を統計的に平準化し、これに将来のすう勢を加味した正常能率、正常操業度および正常価格に基づいて決定される原価をいう。正常原価は、経済状態の安定している場合に、たな卸資産価額の算定のために最も適するのみでなく、原価管理のための標準としても用いられる。

　正常原価は、過去の原価数値を単に平均するのではなく、過去における異常な作業状態や市況を排除し、これに予期される将来の変化を加味して、**できるだけ正常な状態に基づく原価**として設定される。それゆえ、標準の適用期間における**「経済状態が安定している場合」**には、棚卸資産評価に最も適しているとされる。

③　予定原価（見積原価）

> ─『基準』四㈠2─────────────────────
> 　標準原価として、実務上予定原価が意味される場合がある。予定原価とは、将来における財貨の予定消費量と予定価格とをもって計算した原価をいう。予定原価は、予算の編成に適するのみでなく、原価管理およびたな卸資産価額の算定のためにも用いられる。

　予定原価は、専ら過去の実績と勘に基づいて、将来において発生するであろう実際原価を予測したにすぎないから、科学的調査を基礎として設定される標準原価とは理論上区別される。したがって、能率水準の設定自体に客観性がないため原価管理への役立ちに限界はあるが、実際に発生すると予期される原価であるため、予算編成には適する原価であるといわれる。

（注）　『基準』が予定原価を容認した理由

　　　　『基準』設定当初においては、実務上標準原価と予定原価との区別が曖昧であり、特にわが国では予定原価の意味で標準原価を財務会計機構に組み込むことが多かったこと、実務界での標準原価計算の普及への配慮が必要であったこと等があげられる。

④　理想標準原価

> ─『基準』四㈠2─────────────────────
> 　原価管理のために時として理想標準原価が用いられることがあるが、かかる標準原価は、この基準にいう制度としての標準原価ではない。理想標準原価とは、技術的に達成可能な最大操業度のもとにおいて、最高能率を表わす最低の原価をいい、財貨の消費における減損、仕損、遊休時間等に対する余裕率を許容しない理想的水準における標準原価である。

　理想標準原価は、最もタイトネスの厳しい原価である。この原価は、消費量の見積りにおいて通常生ずると認められる程度の消費余裕を一切含めない、技術的に可能な最高水準をあらわす原価である。したがって、実際の作業において達成されることが期待されないため、管理者や作業者の動機づけ手段とはなりえず原価管理への役立ちは低いとされている。また、このような原価を財務会計機構に組み込んでも多額の原価差異が生ずることが明らかなため、『基準』においても制度としての標準原価としては認めていない。ただし、この標準原価も、他の標準原価を設定する出発点ないし尺度として利用される。

〔まとめ〕

種　類	能　率	操　業　度	価　格	用途（目的）	領　域
現実的標準原価	良　好 （達成可能高）	短期予定 （期待実際）	当　座 （短期予定）	原価管理 （棚卸資産評価） （予算編成）	制度
正　常　原　価	正　常	正　常	正　常	棚卸資産評価 （原価管理）	制度
予　定　原　価	予　定	短期予定 （期待実際）	当　座 （短期予定）	予算編成 （原価管理） （棚卸資産評価）	（制度）
理想標準原価	最　高	最　大 （実現可能）	理　想	他の標準原価の 測定尺度	制度外

5．標準原価計算制度の手続

　標準原価計算制度の手続を示すと、以下のようになる。

(1)　原価標準の設定と指示	
(2)　実績標準原価の計算	
(3)　原価の実際発生額の集計	
(4)　標準実績比較による差異の算定	標準原価管理プロセス
(5)　原価差異の原因分析	
(6)　分析結果の報告と是正措置	
(7)　原価差異の会計処理←財務諸表作成のための手続	

〈参考〉　標準原価管理のプロセス（サイクル）

　まず、原価を管理するためには、原価が発生するまえに、有効な措置を講じなければならないので、まず原価標準を現場の管理者をも加えて科学的手法により設定する。そうすることによって現場管理者の納得のいく目標を設定し、原価目標達成の意欲を奮い起こさせるのである。これを**事前原価管理**（motivation cost control）という。

　次に、日々の作業を実施する際に、主として物量データによる標準と実績及びその差異を、原価計算担当者は現場管理者に報告する。現場管理者はその情報に基づき、日々の作業を絶えず目標に向かって指導し規制する。これを**日常的原価管理**（current cost control）という。

　最後に月末になって原価計算担当者は、現場管理者別に、標準原価と実際原価及び標準原価差異とその発生原因を、中級管理者と現場管理者に報告する。中級管理者はその情報に基づき彼の指揮下にある現場管理者の原価業績を審査し、他方現場管理者はその情報に基づいて改善措置を提案することになる。これを**事後ないし原因別原価管理**（post or causal cost control）という。もし標準原価差異分析の結果、標準そのものが不適当であると判明すれば、原価標準を改訂しなければならない。

　以上のように、標準原価計算は、事前、日常、事後とあらゆる段階を通じて、原価管理に役立つ情報を提供するものであり、原価管理は、このようなサイクルをなして行われるのである。

(1)　原価標準の設定と指示

　標準原価計算制度の成否は設定された標準が科学的で信頼できるものであるか否か、その標準を指示された現場管理者が、自己の原価業績を審査する基準として納得して受け入れるか否か、言い換えれば、部下の作業員を指揮し規制するための目標値として機能するか否かにかかっている。

①　原価標準の設定について

　原価標準は、技術、製造、購買及び原価計算担当部署の代表者、ならびに業績を審査される現場管理者も交えて、費目別、責任区分（部門、小工程）別に設定する。

『基準』四一参照

1)　直接費の標準と間接費の標準

　製造直接費は、製品単位の生成との関係が直接的（比例的）に認識できることから、製品単位について設定された標準原価が、物量管理のための目標値ならびに製品原価算定のための基準値となる。これに対して製造間接費は、種々雑多な費目から構成され、しかもそれらの多くは期間的ないし生産量以外の要因によって発生することから、そもそも一定単位の製品の生成に関して直接的に認識できない。そこで製造間接費については、部門別の予算を設定してこれを管理のための目標値とするとともに、標準配賦率と製品単位当たりの標準配賦基準数を乗じた値を製品原価算定のための基準値とするのである。

〔まとめ〕

	原価管理のための基準	製品原価算定のための基準
製造直接費	製品単位当たり物量標準	価格標準×製品単位当たり物量標準
製造間接費	実際操業度における予算	標準配賦率×製品単位当たり標準配賦基準数

2)　物量標準の設定

　標準材料消費量や標準作業時間は、科学的、統計的調査に基づき、通常生ずると認められる程度の消費余裕を含めて設定される。すなわち、標準材料消費量や標準作業時間は、努力すれば達成可能な水準（希求水準）に設定されるのである。

（注）　アローワンスの加味について、『基準』は「手待等の時間的余裕を含む」と規定しているが、この「手待」とは作業時間の構成として測定される手待時間ではなく、加工作業中の一時的な手休めを意味する。

②　原価標準の指示について

〈標準を指示する文書〉

　原価標準が設定されると、これが一定の文書の形にあらわされ、責任区分の管理者に指示されることで原価の事前管理機能が充足される。この原価標準を指示する文書として『基準』四三では、次の四つをあげている。

㈠　標 準 製 品 原 価 表 ━━▶ 標準原価カード（製品の一定単位）

㈡　材 料 明 細 表 ━━▶ 直接材料費　　$Ps \times Qs = Cs$

㈢　標 準 作 業 表 ━━▶ 直接労務費　　$Ps \times Qs = Cs$

㈣　製 造 間 接 費 予 算 表 ━━▶ 製造間接費　　$Ps \times Qs = \underline{Cs}$

$$\underline{\underline{Cs}}$$

第2節　製品原価の計算

1．原価標準の決定（標準原価カードの記入）

　原価標準は、直接材料費、直接労務費及び製造間接費に分けて設定され、標準原価カードに記入される。

標準原価カード

直接材料費	標準価格		標準消費数量		
	@500	×	5 kg	=	2,500円
直接労務費	標準賃率		標準作業時間		
	@800	×	2時間	=	1,600円
製造間接費	※標準配賦率		標準配賦基準		
	@1,000	×	2時間	=	2,000円
原価標準					6,100円

　※　標準配賦率を計算するためには①次年度における計画作業面積等と、②計画作業面積等のもとで予想される製造間接費予算額（変動費＋固定費）を必要とし、以下の式で算定される。

　　　標準配賦率＝製造間接費予算額÷計画作業面積等

2．製品原価の計算

⑴　完成品原価の計算

　完成品原価は、原価標準に完成品数量を乗じることで算定される。

> 完成品原価＝原価標準×完成品数量

⑵　月末仕掛品原価の計算

　月末仕掛品原価は、直接材料費、直接労務費及び製造間接費に分けて算定する。なぜなら、直接労務費と製造間接費は"加工費"であるため、加工進捗度を考慮しなければならないからである。

> 標準直接材料費＝直接材料費原価標準×月末仕掛品数量
> 標準直接労務費＝直接労務費原価標準×月末仕掛品数量×加工進捗度
> 標準製造間接費＝製造間接費原価標準×月末仕掛品数量×加工進捗度
> 月末仕掛品原価＝標準直接材料費＋標準直接労務費＋標準製造間接費

⑶　**農業会計における完成品原価、期末仕掛品原価の計算**

　農業会計における畜産農業を前提とすると、標準原価計算における完成品原価、期末仕掛品原価の計算は以下のように考えられる。

①　**完成品原価の計算**

　完成品原価は、原価標準に飼育が完了し出荷できる状態となった家畜の頭数を乗じることで算定される。

> 完成品原価＝原価標準×飼育完了頭数

②　**期末仕掛品原価の計算**

　期末仕掛品原価の計算は、素畜費と直接労務費・製造間接費でわけて計算する。なぜなら、直接労務費と製造間接費は加工費であり、飼育日数が経過するほど多く原価が発生するものであるため、飼育日数を考慮しなければならないからである。

> 標準素畜費＝素畜費原価標準×期末仕掛品頭数
> 標準直接労務費＝直接労務費原価標準×期末仕掛品頭数×飼育日数
> 標準製造間接費＝製造間接費原価標準×期末仕掛品頭数×飼育日数
> 期末仕掛品原価＝標準素畜費＋標準直接労務費＋標準製造間接費

【例題4－1】標準原価計算①（完成品・月末仕掛品原価の計算）

　当社は畜産農業を営んでおり、標準原価計算を採用している。完成品原価、期末仕掛品原価、期首仕掛品原価を算定しなさい。

1．標準原価カード（製品1頭当たり）

	単　価	消　費　量	原価標準
素　畜　費	3,000円/頭	1頭	3,000円
直接労務費	600円/h	0.5h/日×180日	54,000円
製造間接費	800円/h	0.5h/日×180日	72,000円
			129,000円

2．当期生産データ（素畜は始点で投入している）

期首仕掛品	50頭
当期投入	400頭
計	450頭
期末仕掛品	100頭
完成品	350頭

3．1頭の畜産物を完成させるためには180日の飼育日数を要する。期首仕掛品は期首の段階で108日の飼育日数が経過している。また、期末仕掛品は90日の飼育が終了している。

【解答】

　完成品原価：45,150,000円（＝129,000円/頭×350頭）

　期末仕掛品原価：6,600,000円

　　（＝3,000円/頭×100頭＋100頭×（600円/h＋800円/h）×0.5h/日×90日）

　期首仕掛品原価：3,930,000円

　　（＝3,000円/頭×50頭＋50頭×（600円/h＋800円/h）×0.5h/日×108日）

第3節　原価差異の計算と原因分析

1．原価差異の計算

標準原価と実際原価を比較すると、製品原価が高かったのか、低かったのかを知ることができる。さらに、管理に役立つようにするために、それぞれの原価費目を比較することが必要となる。

> 直接材料（素畜）費差異＝標準直接材料（素畜）費－実際直接材料（素畜）費
> 直接労務費差異＝標準直接労務費－実際直接労務費
> 製造間接費差異＝標準製造間接費－実際製造間接費

重要な注意点

"今月かけてしまった金額（＝実際発生額）"と比較したいのは、"今月かけるべきだった金額（＝実績標準原価（159頁参照））"であるため、**完成品原価と比較するのではない。**

なお、"今月かけるべきだった金額"は、「原価標準×**等価生産量***」で求められる。

すなわち、差異分析にあたっては、**等価生産量**を用いることになる。

＊：生産データ中の当月投入部分の数字。

〈補足〉有利差異と不利差異

プラスになる場合（標準＞実際　標準よりも安かった）：**有利差異（貸方差異）**

マイナスになる場合（標準＜実際　標準よりも高かった）：**不利差異（借方差異）**

【例題4－2】標準原価計算②（原価差異の計算）〈例題4－1の続き〉

　当社は畜産農業を営んでおり、標準原価計算を採用している。直接材料（素畜）費差異、直接労務費差異、製造間接費差異を算定しなさい。

1．標準原価カード（製品1頭当たり）

	単　　価	消　費　量	原価標準
素　畜　費	3,000円/頭	1頭	3,000円
直接労務費	600円/h	0.5h/日×180日	54,000円
製造間接費	800円/h	0.5h/日×180日	72,000円
			129,000円

2．当期生産データ（素畜は始点で投入している）

期首仕掛品	50頭
当 期 投 入	400頭
計	450頭
期末仕掛品	100頭
完 成 品	350頭

3．1頭の畜産物を完成させるためには180日の飼育日数を要する。期首仕掛品は期首の段階で108日の飼育日数が経過している。また、期末仕掛品は90日の飼育が終了している。

4．当期原価実績

　　素　畜　費　　1,206,000円

　　直接労務費　20,267,500円

　　製造間接費　28,058,200円

【解答】

　直接材料（素畜）費差異：6,000円（不利差異）

　　　　　　　　　　（＝3,000円/頭×400頭－1,206,000円）

　直接労務費差異：287,500円（不利差異）

　　　　　　　　（＝600円/h×0.5h/日×*66,600日－20,267,500円）

　製造間接費差異：1,418,200円（不利差異）

　　　　　　　　（＝800円/h×0.5h/日×*66,600日－28,058,200円）

　＊：総飼育日数：350頭×180日＋100頭×90日－50頭×108日＝66,600日

2．原価差異の原因分析

⑴　直接材料（素畜）費差異

　直接材料（素畜）費差異は、**価格差異**と**数量差異**に分かれる。

> **直接材料（素畜）費差異＝価格差異＋数量差異**

〔内容〕

　　価格差異……原則として購買部が責任をもつ差異であるが、市価の変動など企業外部に
　　　　　　　　その発生原因があることが多く、製造現場では主として**管理不能**な差異で
　　　　　ある[※1]。

　　数量差異……原則として製造現場が責任をもつ差異であり、企業内部の管理努力によっ
　　　　　　　　て消費量を節約することが可能である。よって主として**管理可能**な差異で
　　　　　ある[※2]。

※1　畜産農業をはじめとする農業経営においても素畜価格の変動は農業事業者外部の要因に
　　　よって発生するため管理不能な差異であるといえる。

※2　畜産農業をはじめとする農業経営においては、素畜を飼育して出荷できるようにすること
　　　を目指すものであり、工業会計における原材料の節約はなじみにくい。したがって農業簿記
　　　（おもに畜産農業）では数量差異は生じにくいと考えられる。

> **価格差異＝（標準価格－実際価格）×実際消費量**
> **数量差異＝標準価格×（標準消費量－実際消費量）**

分析図で示すと以下のようになる。

〈補足〉

　混合差異には、単価差異と消費量差異の両者が混入しているが、**原価管理上、消費量差異が有用**となることを重視して、これを純粋な形で把握するために、混合差異を単価差異に含めるのである。

単価差異	混合差異
	消費量差異

【例題4－3】標準原価計算③（直接材料費差異の計算）〈例題4－2の続き〉

　当社は畜産農業を営んでおり、標準原価計算を採用している。直接材料（素畜）費の価格差異と数量差異を算定しなさい。

1．標準原価カード（製品1頭当たり）

	単　価	消　費　量	原価標準
素　畜　費	3,000円/頭	1頭	3,000円
直接労務費	600円/h	0.5h/日×180日	54,000円
製造間接費	800円/h	0.5h/日×180日	72,000円
			129,000円

2．当期生産データ（素畜は始点で投入している）

期首仕掛品	50頭
当 期 投 入	400頭
計	450頭
期末仕掛品	100頭
完 成 品	350頭

3．1頭の畜産物を完成させるためには180日の飼育日数を要する。期首仕掛品は期首の段階で108日の飼育日数が経過している。また、期末仕掛品は90日の飼育が終了している。

4．当期原価実績

　　素　畜　費　　1,206,000円（3,015円/頭×400頭）

【解答】

　価格差異：6,000円（不利差異）（＝3,000円/頭×400頭－1,206,000円）

　数量差異：0円（－差異）（＝3,000円/頭×（1頭×400頭－400頭））

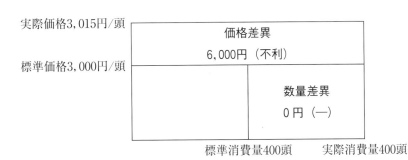

(2) 直接労務費差異

直接労務費差異は、**賃率差異**と**作業時間差異**に分かれる。

なお、計算構造は、直接材料費の差異の細分化と同じである。

> 直接労務費差異＝賃率差異＋作業時間差異

〔内容〕

賃 率 差 異……人員配置などが主な原因となるが、わが国の場合は**管理不能**な場合が多い[1]。

作業時間差異……原則として製造現場が責任をもつ差異であり、作業能率の向上により作業時間を節約することが可能である。よって、主として**管理可能**な差異である[2]。

[1] 農業経営においても賃率の変動は生産現場担当者にとっては管理できない管理不能な差異であることが多い。

[2] 農業経営においても、生産現場で原則として責任を持つべき差異であり飼育活動の良否を示す管理可能な差異である。

> 賃率差異＝(標準賃率－実際賃率)×実際作業時間
> 作業時間差異＝標準賃率×(標準作業時間－実際作業時間)

分析図で示すと以下のようになる。

【例題4－4】標準原価計算④（直接労務費差異の計算）〈例題4－2の続き〉

　当社は畜産農業を営んでおり、標準原価計算を採用している。直接労務費の賃率差異と作業時間差異を算定しなさい。

1．標準原価カード（製品1頭当たり）

	単　価	消　費　量	原価標準
素　畜　費	3,000円/頭	1頭	3,000円
直接労務費	600円/h	0.5h/日×180日	54,000円
製造間接費	800円/h	0.5h/日×180日	72,000円
			129,000円

2．当期生産データ（素畜は始点で投入している）

期首仕掛品	50頭
当 期 投 入	400頭
計	450頭
期末仕掛品	100頭
完 成 品	350頭

3．1頭の畜産物を完成させるためには180日の飼育日数を要する。期首仕掛品は期首の段階で108日の飼育日数が経過している。また、期末仕掛品は90日の飼育が終了している。

4．当期原価実績
　　直接労務費　　20,267,500円（605円/h×33,500時間）

【解答】
　賃率差異：167,500円（不利差異）（＝600円/h×33,500h－20,267,500円）
　作業時間差異：120,000円（不利差異）（＝600円/h×(*66,600日×0.5h/日
　　　　　　　　　　　　　　　　　　　　－33,500h)）

　＊：総飼育日数：350頭×180日＋100頭×90日－50頭×108日＝66,600日

実際賃率605円/h

標準賃率600円/h

	賃率差異
	167,500円（不利）
	作業時間差異
	120,000円（不利）

　　　　　　＊標準作業時間33,300h　　実際作業時間33,500h

　＊：66,600日（総飼育日数）×0.5h/日

(3)　**製造間接費差異**

　製造間接費差異は、**予算差異、能率差異、稼動差異**に分かれる。

①　**固定予算**

> 総　差　異＝(標準配賦率×標準操業度)－実際発生額
>
> 予算差異＝固定予算額－実際発生額
>
> 稼動差異＝標準配賦率×(実際飼育時間－計画飼育時間)
>
> 能率差異＝標準配賦率×(標準飼育時間－実際飼育時間)

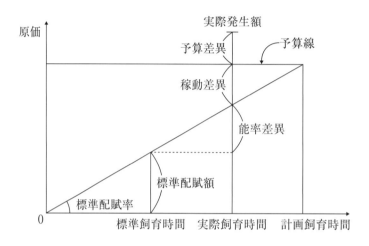

┌─ **【例題 4 － 5】製造間接費差異の分析①（固定予算）** ─────────────

　当社は畜産農業を営んでおり、標準原価計算を採用している。製造間接費の予算差異、稼動差異、能率差異を算定しなさい。

1．標準原価カード（製品 1 頭当たり）

	単　　価	消　　費　　量	原価標準
素　畜　費	3,000円/頭	1頭	3,000円
直接労務費	600円/ h	0.5 h /日×180日	54,000円
製造間接費	800円/ h	0.5 h /日×180日	72,000円
			129,000円

2．当期生産データ（素畜は始点で投入している）

期首仕掛品	50頭
当 期 投 入	400頭
計	450頭
期末仕掛品	100頭
完 　成 　品	350頭

3． 1 頭の畜産物を完成させるためには180日の飼育日数を要する。期首仕掛品は期首の段階で108日の飼育日数が経過している。また、期末仕掛品は90日の飼育が終了している。

4． 製造間接費は直接作業時間を配賦基準とした固定予算を採用しており、計画飼育時間は35,000時間であった。

5．当期原価実績

　　製造間接費　　28,058,200円（実際飼育時間：33,500時間）

【解答】

　総差異：1,418,200円（不利）

〈内訳〉　予算差異：58,200円（不利）

　　　　　稼動差異：1,200,000円（不利）

　　　　　能率差異：160,000円（不利）

【解説】

　製造間接費予算額：800円/ h ×35,000 h ＝28,000,000円

　製造間接費総差異＝800円/ h ×33,300 h －28,058,200円＝1,418,200円（不利）

─────────────────────────────────────

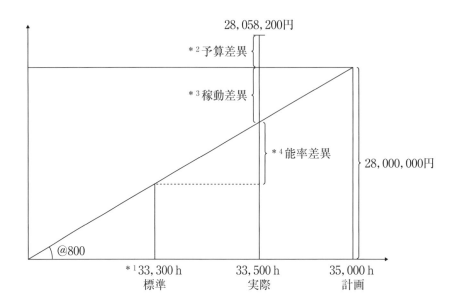

＊：総飼育日数：350頭×180日＋100頭×90日－50頭×108日＝66,600日

＊1：66,600日×0.5h／日＝33,300h

＊2：28,000,000円－28,058,200円＝58,200円（不利）

＊3：（33,500h－35,000h）×800円／h＝1,200,000円（不利）

＊4：（33,300h－33,500h）×800円／h＝160,000円（不利）

②　公式法変動予算

〔まとめ〕

２　分　法	３分法のⅠ	３分法のⅡ	４　分　法
管理可能差異 ＊1＋＊2	予　算　差　異 ＊1	予　算　差　異 ＊1	予　算　差　異 ＊1
	能　率　差　異 ＊2＋＊3	能　率　差　異 ＊2	変動費能率差異 ＊2
管理不能差異 （稼　動　差　異） ＊3＋＊4		稼　動　差　異 ＊3＋＊4	固定費能率差異 ＊3
	稼　動　差　異 ＊4		稼　動　差　異 ＊4

〔差異分析図〕

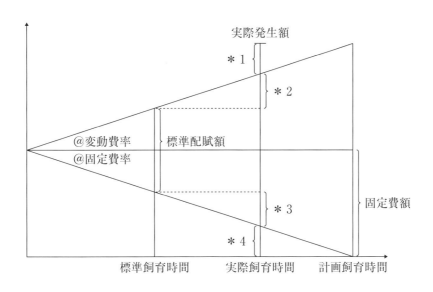

〈参考〉　各差異の意味

　　予　算　差　異……間接費という性格から費目ごとの雑多な要因により生じたものであるた
　　　　　　　　　　　め、費目ごとの原価態様に応じた原因分析により原価節約の可能性を探
　　　　　　　　　　　求しうる。

　　変動費能率差異……直接費ほど厳密ではないが、能率の向上により節約できる可能性のある
　　　　　　　　　　　差異である。

　　固定費能率差異……固定費であるため能率を向上しても節約できないが、現場監督者の生産
　　　　　　　　　　　能力の有効利用度を示すと解釈される差異である。

　　稼　動　差　異……遊休生産能力（あるいはその近似値）を示すため、経営者の生産能力利
　　　　　　　　　　　用にかかわる意思決定情報となる差異である。

　以上より、製造間接費の管理上最も有用な差異は、予算差異であるといえる。

【例題4－6】製造間接費差異の分析②（公式法変動予算）

　当社は畜産農業を営んでおり、標準原価計算を採用している。製造間接費の予算差異、稼動差異、能率差異を算定しなさい。

1．標準原価カード（製品1頭当たり）

	単　価	消　費　量	原価標準
素　畜　費	3,000円/頭	1頭	3,000円
直接労務費	600円/h	0.5h/日×180日	54,000円
製造間接費	800円/h	0.5h/日×180日	72,000円
			129,000円

2．当期生産データ（素畜は始点で投入している）

期首仕掛品	50頭
当 期 投 入	400頭
計	450頭
期末仕掛品	100頭
完 成 品	350頭

3．1頭の畜産物を完成させるためには180日の飼育日数を要する。期首仕掛品は期首の段階で108日の飼育日数が経過している。また、期末仕掛品は90日の飼育が終了している。

4．製造間接費は直接作業時間を配賦基準とした公式法変動予算を採用しており、計画飼育時間は35,000時間であった。固定費予算額は17,500,000円であった。

5．当期原価実績

　　製造間接費　28,058,200円（実際飼育時間：33,500時間）

問1　4分法により製造間接費差異を予算差異、変動費能率差異、固定費能率差異、稼動差異に分析しなさい。

問2　3分法により製造間接費差異を予算差異、能率差異及び稼動差異に分析しなさい。ただし、稼動差異は実際飼育時間における標準配賦額と予算許容額の差額として算定すること。

問3　3分法により製造間接費差異を予算差異、能率差異及び稼動差異に分析しなさい。ただし、稼動差異は標準飼育時間における標準配賦額と予算許容額の差額として算定すること。

問4　2分法により製造間接費差異を管理可能差異と管理不能差異に分析しなさい。

【解答】

問 1　予算差異：508,200円（不利）　変動費能率差異：60,000円（不利）

　　　固定費能率差異：100,000円（不利）　稼動差異：750,000円（不利）

問 2　予算差異：508,200円（不利）　稼動差異：750,000円（不利）

　　　能率差異：160,000円（不利）

問 3　予算差異：508,200円（不利）　稼動差異：850,000円（不利）

　　　能率差異：60,000円（不利）

問 4　管理可能差異：568,200円（不利）　管理不能差異：850,000円（不利）

【解説】

〔差異分析図〕

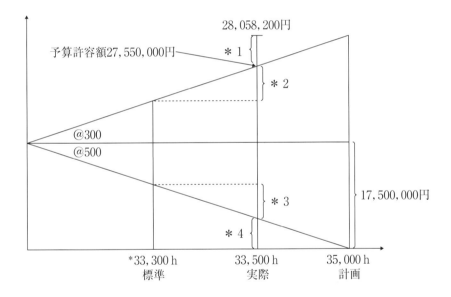

　＊：総飼育日数：350頭×180日＋100頭×90日－50頭×108日＝66,600日

　　　66,600日×0.5 h／日＝33,300 h

　＊1：（300円／h×33,500 h＋17,500,000円）－28,058,200円＝△508,200円（不利）

　＊2：（33,300 h－33,500 h）×300円／h＝△60,000円（不利）

　＊3：（33,300 h－33,500 h）×500円／h＝△100,000円（不利）

　＊4：（33,500 h－35,000 h）×500円／h＝△750,000円（不利）

〔MEMO〕

■■■■ 第4節　原価差異の把握方法と勘定記入方法 ■■

1．原価差異の把握方法

⑴　インプット法

① **意義**について

　インプット法とは、原価要素のインプット時、すなわち原価要素の生産プロセスへの投入時点において、差異を把握する方法である。

② **長所・短所**について

　インプット法は、早期に差異情報を入手できるという長所があるが、手数がかかるという短所がある。

〈典型的な原価差異：個別原価計算における数量差異や作業時間差異〉

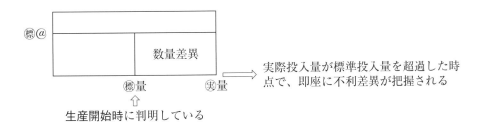

⑵　アウトプット法

① **意義**について

　アウトプット法とは、一定期間終了後、その期間の産出量に基づいて標準原価を算定し、その期間の実際原価と比較して差異を把握する方法である。

② **長所・短所**について

　アウトプット法は、手数がかからないという長所はあるが、差異情報が詳細でなく遅れるという短所がある。

〈典型的な原価差異：総合原価計算における数量差異や作業時間差異〉

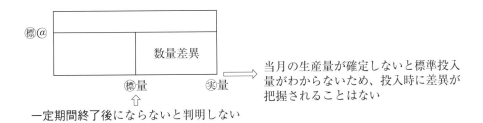

２．標準原価計算の記帳方法

製造直接費の勘定記入法としては、(1)シングル・プラン、(2)パーシャル・プラン、(3)修正パーシャル・プランの三つが考えられる。

なお、製造間接費の勘定記入については、必ずしも製造直接費と同様に議論されない。よって、原則として問題文に別途指示が与えられるはずであるが、製造直接費の勘定記入法に準じて記入を行うのが一般的である。

(1)　シングル・プラン

シングル・プランとは、仕掛品勘定の借方に原価要素別の標準原価を記入する勘定記入法である。

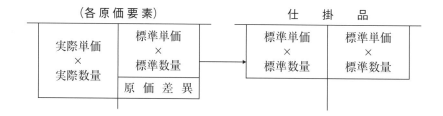

(2)　パーシャル・プラン

パーシャル・プランとは、仕掛品勘定の借方に原価要素別の実際原価を記入する勘定記入法である。

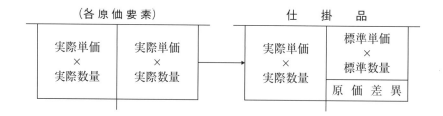

(3)　修正パーシャル・プラン

修正パーシャル・プランとは、仕掛品勘定の借方に実際消費量と標準単価で計算した金額を記入する方法である。仕掛品勘定には消費量差異のみが記入される。

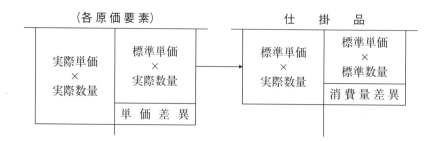

〈仕掛品勘定に注目！〉

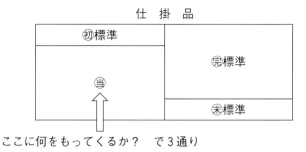

ここに何をもってくるか？　で 3 通り

(1)　シングル・プラン

　　仕掛品勘定が"標準一本"（単一の：single）になる。

(2)　パーシャル・プラン

　　仕掛品勘定が部分的に（partial）標準になる。

(3)　修正パーシャル・プラン

　　現場にとって管理不能な価格差異・賃率差異は、仕掛品勘定にもっていかない。

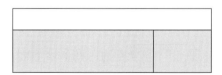

【例題 4 − 7】標準原価計算の記帳方法①

1．標準原価カード（製品 1 頭あたり）

	単　価	消　費　量	原価標準
素　畜　費	3,000円/頭	1頭	3,000円
直接労務費	600円/h	0.5 h/日×180日	54,000円
製造間接費	800円/h	0.5 h/日×180日	72,000円
			129,000円

2．当期生産データ（素畜は始点で投入している）

期首仕掛品	50頭
当 期 投 入	400頭
計	450頭
期末仕掛品	100頭
完 成 品	350頭

3．1 頭の畜産物を完成させるためには180日の飼育日数を要する。期首仕掛品は期首の段階で108日の飼育日数が経過している。また、期末仕掛品は90日の飼育が終了している。

4．製造間接費は直接作業時間を配賦基準とした公式法変動予算を採用しており、計画飼育時間は35,000時間であった。固定費予算額は17,500,000円であった。能率差異は、標準飼育時間と実際飼育時間における標準配賦額の差額として算定すること。

5．当期原価実績

素　畜　費	1,206,000円	（3,015円/頭×400頭）
直接労務費	20,267,500円	（605円/h×33,500時間）
製造間接費	28,058,200円	（実際飼育時間：33,500時間）

問1　シングル・プランにより仕掛品勘定の記入を行いなさい。なお、製造間接費は標準配賦額を仕掛品勘定に借記すること。

問2　パーシャル・プランにより仕掛品勘定の記入を行いなさい。なお、製造間接費は実際発生額を仕掛品勘定に借記すること。

問3　修正パーシャル・プランにより仕掛品勘定の記入を行いなさい。なお、製造間接費は実際発生額を仕掛品勘定に借記すること。

【解答】

問1

素畜費

諸　　口	1,206,000	仕　掛　品	1,200,000
		価 格 差 異	6,000

賃金

諸　　口	20,267,500	仕　掛　品	19,980,000
		賃 率 差 異	167,500
		作業時間差異	120,000

製造間接費

諸　　口	28,058,200	仕　掛　品	26,640,000
		予 算 差 異	508,200
		能 率 差 異	160,000
		稼 動 差 異	750,000

仕掛品

前 期 繰 越	3,930,000	製　　　品	45,150,000
材　　　料	1,200,000	次 期 繰 越	6,600,000
賃　　　金	19,980,000		
製造間接費	26,640,000		

問2

素畜費

諸　　口	1,206,000	仕　掛　品	1,206,000

賃金

諸　　口	20,267,500	仕　掛　品	20,267,500

製造間接費

諸　　口	28,058,200	仕　掛　品	28,058,200

仕掛品

前 期 繰 越	3,930,000	製　　　品	45,150,000
材　　　料	1,206,000	価 格 差 異	6,000
賃　　　金	20,267,500	賃 率 差 異	167,500
製造間接費	28,058,200	作業時間差異	120,000
		予 算 差 異	508,200
		能 率 差 異	160,000
		稼 動 差 異	750,000
		次 期 繰 越	6,600,000

問3

素畜費

諸　　口	1,206,000	仕　掛　品	1,200,000
		価 格 差 異	6,000

賃金

諸　　口	20,267,500	仕　掛　品	20,100,000
		賃 率 差 異	167,500

製造間接費

諸　　口	28,058,200	仕　掛　品	28,058,200

仕掛品

前 期 繰 越	3,930,000	製　　　品	45,150,000
材　　　料	1,200,000	作業時間差異	120,000
賃　　　金	20,100,000	予 算 差 異	508,200
製造間接費	28,058,200	能 率 差 異	160,000
		稼 動 差 異	750,000
		次 期 繰 越	6,600,000

⑷　受入時に価格差異を把握する場合の勘定記入

　受入時に価格差異を把握している場合には、前述⑴～⑶の勘定記入法にかかわらず、材料勘定の記入は常に次のとおりとなる。

【例題 4 － 8】標準原価計算の記帳方法②

１．原価標準（直接材料費（種苗費）のみ、始点で投入）

　　種苗費：100円/kg× 5 kg＝500円/圃場

２．材料データ

　　期首材料有高　なし

　　当期材料（種苗）購入　400kg（実際受入価格105円/kg、掛で購入、購入時に予定価格で記帳）

　　当期材料（種苗）消費　350kg（すべて直接材料として消費）

３．生産データ

　　期首仕掛品20圃場、当期完成品70圃場、期末仕掛品15圃場

問1　シングル・プランにより勘定記入しなさい。

問2　パーシャル・プランにより勘定記入しなさい。

問3　修正パーシャル・プランにより勘定記入しなさい。

【解答】

問1　シングル・プラン

材　　　料		（円）
買 掛 金　40,000	仕 掛 品	32,500
	数 量 差 異	2,500
	次 期 繰 越	5,000

仕　　掛　　品		（円）
前 期 繰 越　10,000	製　　　品	35,000
材　　料　　32,500	次 期 繰 越	7,500

材料受入価格差異	（円）
買 掛 金　2,000	

数　量　差　異	（円）
材　　料　　2,500	

<u>問2</u>　パーシャル・プラン

材　　料			（円）
買　掛　金	40,000	仕　掛　品	35,000
		次 期 繰 越	5,000

仕　掛　品			（円）
前 期 繰 越	10,000	製　　　品	35,000
材　　　料	35,000	数 量 差 異	2,500
		次 期 繰 越	7,500

材料受入価格差異		（円）
買　掛　金	2,000	

数　量　差　異		（円）
仕　掛　品	2,500	

<u>問3</u>　修正パーシャル・プラン

材　　料			（円）
買　掛　金	40,000	仕　掛　品	35,000
		次 期 繰 越	5,000

仕　掛　品			（円）
前 期 繰 越	10,000	製　　　品	35,000
材　　　料	35,000	数 量 差 異	2,500
		次 期 繰 越	7,500

材料受入価格差異		（円）
買　掛　金	2,000	

数　量　差　異		（円）
仕　掛　品	2,500	

【解説】

① 材料受入価格差異

（100円/kg－105円/kg）×400kg＝－2,000円（不利）

② 生産データの整理

仕掛品（直材）			（単位：圃場）
初	20	完	70
当	65	末	15

65圃場への播種に必要な直接材料（種苗）を当期投入

③ 完成品原価・仕掛品原価の計算

期首仕掛品原価：500円/圃場×20圃場＝10,000円

期末仕掛品原価：500円/圃場×15圃場＝7,500円

完成品原価：500円/圃場×70圃場＝35,000円

④ 数量差異

予定価格100円/kg

	数量差異 −2,500円（不利）

325kg　　　　　　　　　　　　350kg
標準消費量　　　　　　　　　実際消費量
↑
5 kg/圃場×65圃場

3．原価差異の把握方法と標準原価計算の記帳方法との関係

　　両者の関係については、インプット法がシングル・プランに対応し、アウトプット法が
パーシャル・プランに対応する。なぜなら、インプット法により早期に差異を把握すれ
ば、勘定上は費目別の段階の各勘定に詳細に記入できるためシングル・プランが対応し、
アウトプット法により期末に把握される差異は勘定上は仕掛品勘定の記入段階でないと対
応できないためパーシャル・プランが対応するのである。

〔まとめ〕

	インプット法	アウトプット法
意　　　味	原価財の消費段階あるいは生産命令量の完成段階で原価差異を算定する方法	原価財の期間消費量と製品の期間生産量が確定した段階で原価差異を算定する方法
仕掛品勘定の勘定記入	貸借すべて標準原価で記入 }シングル・プラン	借方→実際原価で記入 貸方→標準原価で記入 }パーシャル・プラン
原価計算形態との関係	総合原価計算には適用困難	総合原価計算には適用可能
原価差異の典型例	個別原価計算における数量差異や作業時間差異	総合原価計算における数量差異や作業時間差異
長　　　所	原価差異が早期に、また詳細に算定し得るため、原価管理への役立ちは大きい。	計算事務の簡素化が図られ、コストが節約される。
短　　　所	計算事務が複雑化し、コストがかかる。	原価差異が原価計算期末まで算定できず、またその情報も概括的であるため、原価管理への役立ちは小さい。

4．仕掛品勘定の設定

　原価管理の観点からは、仕掛品勘定を原価要素別（又は部門別、製品別）に設定することが適切である。必要に応じ、次のように一つの仕掛品勘定にまとめてしまうこともある。

〈参考〉　パーシャル・プランの場合

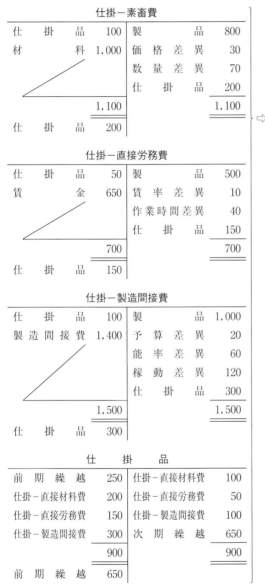

■■■■ 第5節　原価差異の会計処理 ■■■

　原価差異の会計処理は、専ら財務諸表作成のための手続であり、原則として会計年度末に行われる。原価差異の会計処理方法をまとめると、以下のようになる。農業簿記においても、原価差異分析後、年度末の決算において工業簿記同様の処理が必要となるため、以下工業簿記に準じて説明する。

原価差異の会計処理（『基準』四七）

〔基準〕	ケース	処理方法
〔基準四七㈠1〕	材料受入価格差異以外	売上原価に賦課
〔基準四七㈠2〕	材料受入価格差異	材料の払出高と期末在高に配賦
〔基準四七㈠3〕	不適当な予定価格や標準原価等を原因とする比較的多額な差異	売上原価と棚卸資産に配賦
	個別原価計算	指図書別又は科目別に配賦
	総合原価計算	科目別に配賦
〔基準四七㈡1〕	消費量差異で、異常な状態に基づくもの	非原価

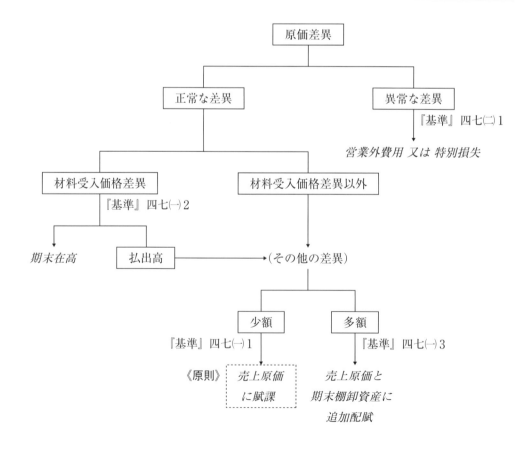

(1)　材料受入価格差異を払出高と期末在高に配賦する方法

　原価計算上の原価差異は、財の消費によってのみ生じるとすれば、材料受入価格差異は購入という過程を通過したにすぎず、いわゆる「原価」差異とはならない。よって、以下の算式に基づく調整計算が必要になる。

$$当期材料受入価格差異 \times \frac{期末材料棚卸高}{当期材料払出高＋期末材料棚卸高} = 期末材料棚卸高への配賦額$$

$$当期材料受入価格差異 － 期末材料棚卸高への配賦額 = 当期材料払出高への配賦額$$

【例題4－9】原価差異の処理①

　次の資料に基づき、損益計算書を作成しなさい。

1．売上高………………………………… 5,000,000円

2．標準売上原価………………………… 2,500,000円

3．販売費及び一般管理費……………… 1,200,000円

4．支払利息及び割引料………………… 200,000円

5．材料払出高……………………………12,500kg

6．材料期末在高………………………… 650kg

7．原価差異

　(1)　正常かつ少額な原価差異

　　　材料受入価格差異　　26,300円（有利）　　数量差異　　20,000円（不利）

　　　賃　率　差　異　　12,000円（不利）

　(2)　異常な原価差異

　　　数　量　差　異　200,000円（不利）　　能率差異　　80,000円（不利）

　　　作　業　時　間　差　異　180,000円（不利）

8．異常な原価差異は非原価項目として、営業外費用として処理する。

9．期首棚卸資産は存在しない。

【解答】

<table>
<tr><td colspan="4">損　益　計　算　書</td><td>（単位：円）</td></tr>
<tr><td>Ⅰ　売　　上　　高</td><td></td><td></td><td></td><td>5,000,000</td></tr>
<tr><td>Ⅱ　売　上　原　価</td><td></td><td></td><td></td><td></td></tr>
<tr><td>　　1　標 準 売 上 原 価</td><td></td><td>2,500,000</td><td></td><td></td></tr>
<tr><td>　　2　原　価　差　額</td><td></td><td>7,000</td><td></td><td>2,507,000</td></tr>
<tr><td>　　　　売上総利益</td><td></td><td></td><td></td><td>2,493,000</td></tr>
<tr><td>Ⅲ　販売費及び一般管理費</td><td></td><td></td><td></td><td>1,200,000</td></tr>
<tr><td>　　　　営 業 利 益</td><td></td><td></td><td></td><td>1,293,000</td></tr>
<tr><td>Ⅳ　営 業 外 費 用</td><td></td><td></td><td></td><td></td></tr>
<tr><td>　　1　支払利息及び割引料</td><td></td><td>200,000</td><td></td><td></td></tr>
<tr><td>　　2　原　価　差　額</td><td></td><td>460,000</td><td></td><td>660,000</td></tr>
<tr><td>　　　　経 常 利 益</td><td></td><td></td><td></td><td>633,000</td></tr>
</table>

【解説】

① 材料受入価格差異の処理

$$\frac{26,300円}{12,500kg+650kg}\times 12,500kg = 25,000円（有利）\Rightarrow 材料払出高への配賦$$

$$\frac{26,300円}{12,500kg+650kg}\times 650kg = 1,300円（有利）\Rightarrow 期末在高への配賦$$

② 正常かつ少額な原価差異の処理

$25,000円-20,000円-12,000円=-7,000円（不利）$

③ 異常な原価差異の処理

$-200,000円-80,000円-180,000円=-460,000円（不利）$

⑵　比較的多額な原価差異を売上原価と期末棚卸資産に追加配賦する方法

　材料受入価格差異以外の原価差異や材料受入価格差異のうち当期材料払出高に配賦される部分が比較的多額な場合は、以下の算式に基づく調整計算が必要になる。

$$原価差額 \times \frac{期末の製品、半製品、仕掛品原価の合計}{売上原価＋期末の製品、半製品、仕掛品原価の合計} = \begin{matrix}原価差額の期末 \\ 棚卸資産配賦額\end{matrix}$$

$$原価差額 － 原価差異の期末棚卸資産配賦額 ＝ 原価差額の売上原価配賦額$$

【例題4−10】原価差異の処理②

　次の資料に基づき、各問に答えなさい。

1．標準売上原価　　1,130,000円

2．棚卸資産勘定残高

　　仕掛品標準原価　　65,000円　　　製品標準原価　　105,000円

　　なお、期首仕掛品及び期首製品はなかった。

3．原価差異合計　　52,000円（不利差異）

4．上記の原価差異は、予定価格等が不適当なために比較的多額の原価差異と判断された。

問1　標準原価を基準として、科目別に配賦される原価差異を計算しなさい。

問2　問1を前提として、諸勘定の記入を行いなさい。

【解答】

問1　仕掛品：2,600円　　製品：4,200円　　売上原価：45,200円

問2

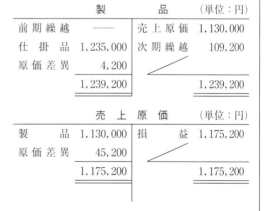

仕　掛　品		（単位：円）
前 期 繰 越	――	製　　品 1,235,000
諸　　口 1,300,000		次 期 繰 越 67,600
原 価 差 異 2,600		
1,302,600		1,302,600

製　　品		（単位：円）
前 期 繰 越	――	売 上 原 価 1,130,000
仕　掛　品 1,235,000		次 期 繰 越 109,200
原 価 差 異 4,200		
1,239,200		1,239,200

原　価　差　異		（単位：円）
諸　　口 52,000		仕　掛　品 2,600
		製　　品 4,200
		売 上 原 価 45,200
52,000		52,000

売　上　原　価		（単位：円）
製　　品 1,130,000		損　　益 1,175,200
原 価 差 異 45,200		
1,175,200		1,175,200

【解説】

問1

① 仕掛品に配賦される原価差異

$$-52,000円 \times \frac{65,000円}{65,000円+105,000円+1,130,000円} = -2,600円（不利差異）$$

② 製品に配賦される原価差異

$$-52,000円 \times \frac{105,000円}{65,000円+105,000円+1,130,000円} = -4,200円（不利差異）$$

③ 売上原価に配賦される原価差異

$$-52,000円 \times \frac{1,130,000円}{65,000円+105,000円+1,130,000円} = -45,200円（不利差異）$$

問2 （単位：円）

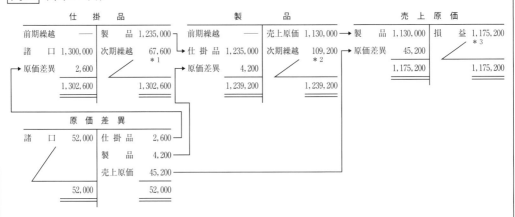

＊1：65,000円＋2,600円＝67,600円

＊2：105,000円＋4,200円＝109,200円

＊3：1,130,000円＋45,200円＝1,175,200円

第5章　活動基準原価計算

第 1 節　活動基準原価計算（ＡＢＣ）

1．活動基準原価計算の意義・目的

⑴　意義

　ＡＢＣ（activity-based costing）とは、活動、資源および原価計算対象の原価と業績を測定する方法論である。

　具体的には、原価計算対象（製品）による経営資源の消費量、活動の消費量を反映するように原価を集計する。

⑵　登場の背景・目的

　ＡＢＣは、伝統的な原価計算システムが内包する間接費配賦計算の問題点を克服する手段として登場した。

　企業環境の変化（多品種少量生産＋ＦＡ化・ＣＩＭ化）は、生産量（操業度）と相関性の薄い生産支援活動（例：段取、マテハン等）に関する間接費の増大をもたらした。伝統的配賦法によれば、これらの間接費は従来の少品種大量生産を前提とした操業度基準（直接作業時間基準や機械時間基準）により製品に配賦されることになる。その結果、製品間で原価の内部相互補助が生じ（実際には手のかかる多品種少量生産品には少ない原価しか配賦されず、大量生産品には本来負担すべきでない余分の原価が配賦されてしまう）、歪んだ製品原価が算定されてしまうということが認識された。

　激化する企業間競争の中において、誤った原価情報は企業経営に思わぬ打撃を与える。そこで、間接費配賦計算の精緻化を目的として、新たな原価測定手法たるＡＢＣが登場したのである。

　農業簿記においても、活動基準原価計算の適用についての研究がなされるようになってきた。より精緻な原価計算を農業会計でも実現することによって、経営管理上の役立ちを得ていこうとするものである。すなわち正確な農産物原価の算定のみならず、原価管理の更なる向上を目的として農業簿記への活動基準原価計算の適用についての研究がわが国でも欧米でもなされるようになってきた。活動基準原価管理や活動基準予算の農業簿記への適用まで踏み込んだ研究は現在では少ない。しかしながら、今後の研究の進展に備えて本章では、活動基準原価管理や活動基準予算についても説明を行っていく。

⑶　伝統的配賦法との相違

①　伝統的配賦法

　１）コスト・センター（原価部門：製造部門と補助部門）を設定し、各間接費を集計する（個別費は賦課、共通費は配賦）。

　２）補助部門費を製造部門に配賦する。

　３）操業度を基準として製造部門費を製品に配賦する。

②　ＡＢＣ

　１）活動センター、または活動センターを細分化したコストプール（活動をもとに区分した原価の区分単位）を設定し、資源作用因に基づいて各間接費を集計する。

　２）活動センター、またはコストプールごとの原価作用因（活動作用因）に基づいて、活動センター、またはコストプールに集計された間接費を製品に配賦する。

２．活動基準原価計算の原価配賦法

　ＡＢＣでは、「活動が資源を消費し、原価計算対象（製品）が活動を消費する」という基本思考のもとに、活動に計算過程の焦点を合わせ、間接費を集計する。ＡＢＣの計算機構の特徴は、１.伝統的配賦法における補助部門から製造部門への配賦計算の排除と、それにかわる活動センターとコストプールの設置、２.操業度関連の配賦基準だけではない、活動基準の原価作用因（活動作用因）の利用、３.伝統的配賦法に比した計算の精緻化の三つにまとめられる。

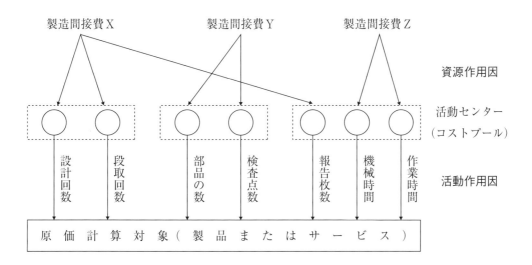

〈参考〉　活動センター、原価作用因

活動センターとは、個々に活動の原価を測定したいと考えるセグメントである。

原価作用因（コスト・ドライバー）とは、活動の原価に変化を及ぼす要因である。

（1つの活動に主な原価作用因が1つだけの場合）

例えば、「検査」活動センターには検査という活動に関連して発生する様々な間接費が集計される。

検査費は検査という活動によって発生するのであるから、検査回数が原価作用因である。従って、この検査回数に応じて各製品に原価を割り当てる。

（1つの活動に主な原価作用因が複数ある場合）

例えば、パンチプレスという活動は大きく機械作業と手作業に分かれる。このとき「パンチプレス」活動センターは「機械作業」コストプールと「手作業」コストプールとに区分される。そのうえで、機械作業のパンチプレスによって発生する様々な間接費は「機械作業」コストプールに、手作業のパンチプレスよって発生する様々な間接費は「手作業」コストプールに集計される。

ここに、機械作業のパンチプレスの原価作用因は機械作業時間であり、手作業のパンチプレスの原価作用因は工具の作業時間である。従って、「機械作業」コストプールに集計された間接費は機械作業時間に応じて各製品に割り当て、「手作業」コストプールに集計された間接費は工具の作業時間に応じて各製品に割り当てる。

3．製品に関連した活動の区分

　一般的な製造業において、製品に関連した活動（product-related activities）は、以下の4つの階層に区分することができる。

⑴　製品単位レベルの活動（unit level activities）

　製品単位レベルでは、活動は1単位の製品が生産されるごとに行われる。例えば、直接工の作業、機械の運転、材料消費、エネルギーの消費などである。これらの原価は操業度に関連して発生する、いわゆる変動費である。

⑵　バッチ・レベルの活動（batch level activities）

　バッチ・レベルでは、活動はバッチ生産ごとに行われる。例えば、段取、マテハン（材料、資材の社内移動）、発注処理、品質管理などである。これらの原価は、バッチ処理の回数によって変化する。

⑶　製品支援レベルの活動（product-sustaining level activities）

　製品支援レベルでは、異なるタイプの製品が生産または販売されるごとに活動が行われる。例えば、製品の仕様書作成、工程管理、技術上の変更、製品機能の強化などである。これらの原価を個々の製品に跡付けることは可能である。しかし、バッチ回数などとは関係なく、仕様書数や工程数で跡付けることとなる。

⑷　工場支援レベルの活動（facility-sustaining level activities）

　工場支援レベルでは、活動は工場の生産設備や管理に関連して行われる。例えば、工場長の仕事、建物の保守、工場の安全対策、工場経理などである。これらの原価は異なる製品に対して共通して発生する。したがって、特定製品に跡付けることが困難である。

┌─── **【例題5－1】製造業における活動基準原価計算** ───
│
│　次の〔資料〕に基づき、伝統的配賦法とABC（Activity-Based Costing）によっ
│て製造間接費配賦計算を行い、各々の製品単位負担額を算定しなさい。
│
│〔資料〕
│
│1．製品X、Y、Zを生産する部門の原価、操業度及び原価作用因

項　目	製 品 X	製 品 Y	製 品 Z	合　計
生産量と売上数量	40,000個	10,000個	5,000個	55,000個
直 接 作 業 時 間	2時間/個	1.5時間/個	1時間/個	100,000時間
生 産 回 数	4回	6回	20回	30回
配 送 数	8回	6回	20回	34回
製造指図書枚数	10枚	8枚	25枚	43枚
製 造 間 接 費				
段 取 費	36,000円			
梱 包 費	255,000円			
技 術 費 用	378,400円			
合 計	669,400円			

│2．配賦基準
│
│　①　伝統的配賦法：直接作業時間
│
│　②　ABC

費　目	原価作用因
段 取 費	生 産 回 数
梱 包 費	配 送 数
技 術 費 用	製造指図書枚数

【解答】

〈伝統的配賦法〉

製造間接費単位負担額			（単位：円）
	製　品　X	製　品　Y	製　品　Z
製造間接費	13.388	10.041	6.694

〈ＡＢＣ〉

製造間接費単位負担額			（単位：円）
	製　品　X	製　品　Y	製　品　Z
段　取　費	0.12	0.72	4.8
梱　包　費	1.5	4.5	30
技 術 費 用	2.2	7.04	44
製造間接費	3.82	12.26	78.8

【解説】

１．伝統的配賦法

１）配賦率（製造間接費合計÷直接作業時間合計）

669,400円÷100,000時間＝6.694円/時間

２）製造間接費単位負担額

X：6.694円/時間×２時間＝13.388円

Y：6.694円/時間×1.5時間＝10.041円

Z：6.694円/時間×１時間＝6.694円

２．ＡＢＣ

１）配賦率

段 取 費（生産回数単位当たり原価＝段取費÷生産回数）

36,000円÷30回＝1,200円/回

梱 包 費（配送数単位当たり原価＝梱包費÷配送数）

255,000円÷34回＝7,500円/回

技術費用（製造指図書枚数単位当たり原価＝技術費用÷製造指図書枚数）

378,400円÷43枚＝8,800円/枚

２）製造間接費単位負担額

段 取 費　X：（1,200円/回×４回）÷40,000個＝0.12円/個

　　　　　　Y：（1,200円/回×６回）÷10,000個＝0.72円/個

　　　　　　Z：（1,200円/回×20回）÷ 5,000個＝4.8円/個

梱 包 費　X：(7,500円/回 × 8 回) ÷ 40,000個 = 1.5円/個

　　　　　Y：(7,500円/回 × 6 回) ÷ 10,000個 = 4.5円/個

　　　　　Z：(7,500円/回 × 20回) ÷ 5,000個 = 30円/個

技術費用　X：(8,800円/枚 × 10枚) ÷ 40,000個 = 2.2円/個

　　　　　Y：(8,800円/枚 × 8 枚) ÷ 10,000個 = 7.04円/個

　　　　　Z：(8,800円/枚 × 25枚) ÷ 5,000個 = 44円/個

─【例題 5 − 2】農企業における活動基準原価計算 ─────────

　次の〔資料〕に基づき、ＡＢＣ（Activity-Based Costing）によって製造間接費配
賦計算を行い、各作物の生産原価を算定しなさい。

〔資料〕

１．直接費に関する資料

	タマネギ	テンサイ	サツマイモ
直 接 材 料 費	120,000円	150,000円	80,000円
直 接 労 務 費	80,000円	50,000円	40,000円

２．間接費に関する資料

（1）　各間接費の金額

費　　　目	農薬散布活動	害虫駆除活動	梱包活動
金　　　　　額	80,000円	390,000円	40,000円

（2）　原価作用因

	タマネギ	テンサイ	サツマイモ
農薬散布活動	5回	4回	1回
害虫駆除活動	2回	10回	1回
梱 包 活 動	8回	6回	2回

【解答】

　タマネギ：320,000円　　テンサイ：547,000円　　サツマイモ：163,000円

【解説】

	タマネギ	テンサイ	サツマイモ
直 接 材 料 費	120,000円	150,000円	80,000円
直 接 労 務 費	80,000円	50,000円	40,000円
農薬散布活動	[*1]40,000円	32,000円	8,000円
害虫駆除活動	60,000円	[*2]300,000円	30,000円
梱 包 活 動	20,000円	15,000円	[*3]5,000円
合　　計	320,000円	547,000円	163,000円

　＊1：80,000円÷（5回＋4回＋1回）＝8,000円/回

　　　　8,000円/回×5回＝40,000円

　＊2：390,000円÷（2回＋10回＋1回）＝30,000円/回

　　　　30,000円/回×10回＝300,000円

　＊3：40,000円÷（8回＋6回＋2回）＝2,500円/回

　　　　2,500円/回×2回＝5,000円

４．資源消費のモデル（参考）

　ＡＢＣのモデルは資源消費のモデルであって、資源の支出を基礎に原価計算をしていた伝統的原価計算とは区別される。原材料やエネルギーといった資源は、生産量が増加すると、資源の消費量も増加し、支出も増加する。つまり、資源消費と資源支出との間には密接な関係がある。しかし、消費と支出の間にはタイムラグが存在する。つまり、究極的には資源の支出と消費は一致するにしても、時間的なずれが認められる。ＡＢＣでは製品の生産に必要な資源を消費の側面から把握しようとするところに特徴がある。

　ＡＢＣは利用された資源の原価を測定するのであって、提供された資源の原価を測定するのではない。2つの異なった原価概念は、次の簡単な計算式で表される。

　　提供された資源の原価＝利用された資源の原価＋未利用のキャパシティ原価

　財務会計や伝統的原価計算では方程式の左側を測定する。他方、ＡＢＣでは右側の利用された資源の原価を測定できることに特徴がある。

５．活動基準原価計算の有用性

⑴　製品の収益性分析や価格決定などの意思決定に有用

　ＡＢＣは活動を基準とした間接費配賦計算を行うため、伝統的配賦法に比して算定される製品原価が精緻化される（内部相互補助の解消）。その結果、製品の正確な収益性が判明し、その分析に資するとともに、価格決定に際しても有効な資料を提供し得る。

　農業簿記においても、農産物の正確な収益性が判明し、価格の決定に際しても有効な情報を入手することが可能となる。一部の農産物にだけ高付加価値の農産物を栽培している場合など、正確な製品原価が判明すればその後の価格決定に大きな貢献があるといえる。

⑵　原価管理の基礎を提供

　ＡＢＣは製造間接費を部門ではなく活動に集計する。従って、活動に焦点を絞った合理性の追求行動に有効な資料を提供し得る。

　農企業においても、各種活動が効率的に必要最低限度の回数で実施されているのかを正確に把握できるようになり、結果的に原価管理にも効果を発揮することになる。

6．リストラクチャリングへの効果

　リストラクチャリング（restructuring：事業再構築）とは、経営効率を高めるために経営資源の配分の大幅な見直しを行い、その最適化を図る手法をいう。具体的には、不採算事業の縮小・撤退や収益性の高い既存事業への資源集中、あるいは新規事業への進出といった形態をとる。

　ＡＢＣによれば製品の正確な収益性が判明するため、既存事業の取捨選択に資する有効な資料の入手が可能となる。従って、効果的なリストラクチャリングへの情報提供のツールとなり得るのである。

　農企業においても高付加価値の農産物を生産していると考えていたとしても、ＡＢＣにより精緻な生産原価を算定した際に収益性が悪い作物であったことが判明することもありうる。その場合に、作物からの撤退を意思決定することが可能となるのである。

■■■■　第 2 節　活動基準原価管理（ＡＢＭ）■■

⑴　意義

　ＡＢＭ（activity-based management）とは、ＡＢＣにより提供される情報を、プロセス改善等の経営管理に活用する手法である。農企業においても、ＡＢＣから得られる情報を有効に活用して経営プロセスの改善につなげることが必要となる。

⑵　登場の背景・目的

　1980年代後半のアメリカ企業は経済的困難に悩まされ、多くの企業はＡＢＣを活発に導入し、Ｍ＆Ａや不採算事業の切捨てといったリストラクチャリングを行った。しかし、1990年代の前半になると、アメリカの経営者の多くがリストラクチャリングだけでは経済の再生が困難であることを認識した。すなわち経済再生のためには、リストラクチャリングによって再構築した事業を改めて見直し、その諸活動（ビジネス・プロセス）の改善がさらに必要であると考えられ出したことがＡＢＭ登場の背景である。

　ビジネス・プロセスの改善にはリエンジニアリングが必要であり、それにはＡＢＭへの転換が必要であった。従ってＡＢＭの主目的は、企業における諸活動の集合であるビジネス・プロセスを効率化することにより、顧客満足を引き下げることなく原価の低減を図ることにある。

〈参考〉　ビジネス・プロセス・リエンジニアリング（ＢＰＲ）

　　ＢＰＲ（business process reengineering；業務改革）とは、コスト、品質、サービスおよびスピードのような重要で現代的な業績尺度の劇的な改善を達成するための、経営プロセスの基本的な再思考と根本的な再設計をいう。つまり、製品の開発から顧客への配送に至るまでのすべてのビジネス・プロセスにおいて、今まで何の疑問ももたれずに遂行されてきた業務を“なぜそれが必要なのか”“なぜ今のやり方をとっているのか”を問い直すことからはじめて、品質、価格、適時性、柔軟性といった企業内外の顧客の要求水準を満たす製品やサービスの供給を可能にすることをいう。

⑶　手続

①　ＡＢＣ情報をもとに企業の諸活動を分析する。
②　活動を付加価値活動と非付加価値活動とに識別する。
③　非付加価値活動を排除し、付加価値活動の効率化を図る。
④　効率化の達成度を測定・分析する。

〈参考〉　付加価値活動と非付加価値活動

　　付加価値活動とは、顧客に価値を生み出し、ひいては企業に利益をもたらす活動をいう。逆に非付加価値活動とは、いわゆる「ムダ」であり、製品の属性、品質を失わずに排除できる活動、すなわち、顧客に価値を与えない活動である。従って、非付加価値活動を排除することにより、顧客満足を引き下げずに原価を削減することが可能となる。

(4)　ＢＰＲへの効果

　ＡＢＭによれば顧客満足を引き下げることなくビジネス・プロセスを効率化することが可能になるため、効果的なＢＰＲ遂行のツールとなり得る。

⑸　ＡＢＣとＡＢＭの関係

　ＡＢＣ：間接費配賦計算の精緻化を通じた製品原価算定技法

　　　　　（効果的なリストラクチャリングへの情報提供のツール）

　ＡＢＭ：活動分析によるプロセス改善を通じた原価低減技法

　　　　　（効果的なＢＰＲのツール）

　なお、両者を包括してＡＢＣ（システム）とする場合もある。

【参考１】ＡＢＣとＡＢＭの関係

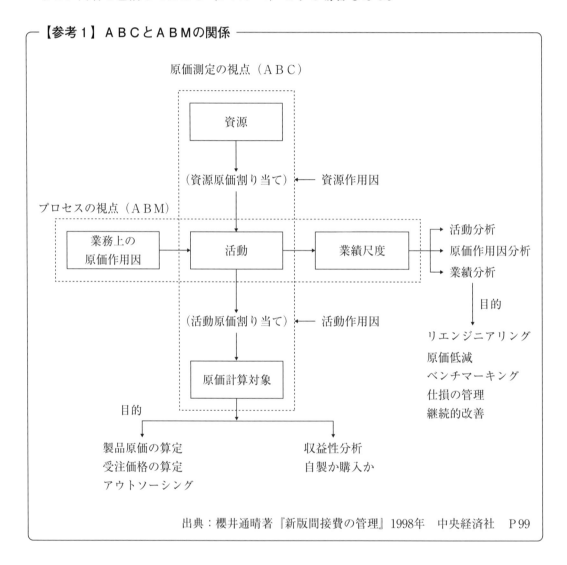

原価測定の視点（ＡＢＣ）

資源

（資源原価割り当て）　←　資源作用因

プロセスの視点（ＡＢＭ)

業務上の原価作用因　→　活動　→　業績尺度　→　活動分析／原価作用因分析／業績分析

（活動原価割り当て）　←　活動作用因

原価計算対象

目的

リエンジニアリング
原価低減
ベンチマーキング
仕損の管理
継続的改善

目的

製品原価の算定
受注価格の算定
アウトソーシング

収益性分析
自製か購入か

出典：櫻井通晴著『新版間接費の管理』1998年　中央経済社　P99

【参考2】　ＡＢＭによる活動原価の低減

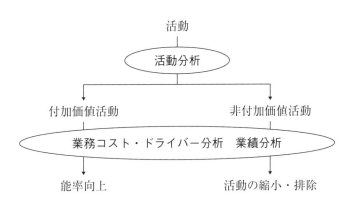

活動分析…付加価値活動と非付加価値活動の識別、重要な活動のランクを付ける。

業務コスト・ドライバー分析（原価作用因分析）…活動の原因を分析し、それに対し対策を講じる。

業績分析（業績測定）…活動が効率的に実施されているかを測定し、目標値と実績値を比較する。

第 3 節　活動基準予算管理（ＡＢＢ）

(1)　意義

　ＡＢＣの考え方を、原価計算や活動およびプロセスの管理のみではなく、予算管理にも活用することができれば、より効果的な経営管理が可能となる。このような予算が、活動基準予算である。

(2)　活動基準予算と伝統的な予算の違い

	予算の基本単位
活動基準予算	活動
伝統的な予算	部門（費目）

(3)　活動基準予算のメリット

　活動基準予算では、予算の基本単位が部門ではなく活動になるため、部門間での予算の争奪戦（予算ゲーム）が解消できる。伝統的な予算では、部門ごとに予算を立て、部門ごとに業績評価をするため、利害関係が大きいので予算の取り合いが起きるが、活動基準予算によれば、予算を全員の賛同が得られる形で編成できるようになる。

(4)　ＡＢＢによる予算編成のプロセス

　ＡＢＢはＡＢＣの計算プロセスを逆転させたものである。図で示すと次のようになる。

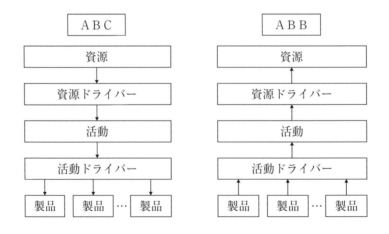

出典：櫻井通晴訳『コスト戦略と業績管理の統合システム』1998年　ダイヤモンド社　P 381

付　録

【付録１】 現価係数表一覧

現価係数表（複利現価表）　　$\dfrac{1}{(1+r)^n}$

n＼r	1％	2％	3％	4％	5％	6％	7％	8％	9％	10％
1	0.9901	0.9804	0.9709	0.9615	0.9524	0.9434	0.9346	0.9259	0.9174	0.9091
2	0.9803	0.9612	0.9426	0.9246	0.9070	0.8900	0.8734	0.8573	0.8417	0.8264
3	0.9706	0.9423	0.9151	0.8890	0.8638	0.8396	0.8163	0.7938	0.7722	0.7513
4	0.9610	0.9238	0.8885	0.8548	0.8227	0.7921	0.7629	0.7350	0.7084	0.6830
5	0.9515	0.9057	0.8626	0.8219	0.7835	0.7473	0.7130	0.6806	0.6499	0.6209
6	0.9420	0.8880	0.8375	0.7903	0.7462	0.7050	0.6663	0.6302	0.5963	0.5645
7	0.9327	0.8706	0.8131	0.7599	0.7107	0.6651	0.6227	0.5835	0.5470	0.5132
8	0.9235	0.8535	0.7894	0.7307	0.6768	0.6274	0.5820	0.5403	0.5019	0.4665
9	0.9143	0.8368	0.7664	0.7026	0.6446	0.5919	0.5439	0.5002	0.4604	0.4241
10	0.9053	0.8203	0.7441	0.6756	0.6139	0.5584	0.5083	0.4632	0.4224	0.3855

n＼r	11％	12％	13％	14％	15％	16％	17％	18％	19％	20％
1	0.9009	0.8929	0.8850	0.8772	0.8696	0.8621	0.8547	0.8475	0.8403	0.8333
2	0.8116	0.7972	0.7831	0.7695	0.7561	0.7432	0.7305	0.7182	0.7062	0.6944
3	0.7312	0.7118	0.6931	0.6750	0.6575	0.6407	0.6244	0.6086	0.5934	0.5787
4	0.6587	0.6355	0.6133	0.5921	0.5718	0.5523	0.5337	0.5158	0.4987	0.4823
5	0.5935	0.5674	0.5428	0.5194	0.4972	0.4761	0.4561	0.4371	0.4190	0.4019
6	0.5346	0.5066	0.4803	0.4556	0.4323	0.4104	0.3898	0.3704	0.3521	0.3349
7	0.4817	0.4523	0.4251	0.3996	0.3759	0.3538	0.3332	0.3139	0.2959	0.2791
8	0.4339	0.4039	0.3762	0.3506	0.3269	0.3050	0.2848	0.2660	0.2487	0.2326
9	0.3909	0.3606	0.3329	0.3075	0.2843	0.2630	0.2434	0.2255	0.2090	0.1938
10	0.3522	0.3220	0.2946	0.2697	0.2472	0.2267	0.2080	0.1991	0.1756	0.1615

n＼r	21％	22％	23％	24％	25％	26％	27％	28％	29％	30％
1	0.8264	0.8197	0.8130	0.8065	0.8000	0.7937	0.7874	0.7813	0.7752	0.7692
2	0.6830	0.6719	0.6610	0.6504	0.6400	0.6299	0.6200	0.6104	0.6009	0.5917
3	0.5645	0.5507	0.5374	0.5245	0.5120	0.4999	0.4882	0.4768	0.4658	0.4552
4	0.4665	0.4514	0.4369	0.4230	0.4096	0.3968	0.3844	0.3725	0.3611	0.3501
5	0.3855	0.3700	0.3552	0.3411	0.3277	0.3149	0.3027	0.2910	0.2799	0.2693
6	0.3186	0.3033	0.2888	0.2751	0.2621	0.2499	0.2383	0.2274	0.2170	0.2072
7	0.2633	0.2486	0.2348	0.2218	0.2097	0.1983	0.1877	0.1776	0.1682	0.1594
8	0.2176	0.2038	0.1909	0.1789	0.1678	0.1574	0.1478	0.1388	0.1304	0.1226
9	0.1799	0.1670	0.1552	0.1443	0.1342	0.1249	0.1164	0.1084	0.1011	0.0943
10	0.1486	0.1369	0.1262	0.1164	0.1074	0.0992	0.0916	0.0847	0.0784	0.0725

n＼r	31％	32％	33％	34％	35％	36％	37％	38％	39％	40％
1	0.7634	0.7576	0.7519	0.7463	0.7407	0.7353	0.7299	0.7246	0.7194	0.7143
2	0.5827	0.5739	0.5653	0.5569	0.5487	0.5407	0.5328	0.5251	0.5176	0.5102
3	0.4448	0.4348	0.4251	0.4156	0.4064	0.3975	0.3889	0.3805	0.3724	0.3644
4	0.3396	0.3294	0.3196	0.3102	0.3011	0.2923	0.2839	0.2757	0.2679	0.2603
5	0.2592	0.2495	0.2403	0.2315	0.2230	0.2149	0.2072	0.1998	0.1927	0.1859
6	0.1979	0.1890	0.1807	0.1727	0.1652	0.1580	0.1512	0.1448	0.1386	0.1328
7	0.1510	0.1432	0.1358	0.1289	0.1224	0.1162	0.1104	0.1049	0.0997	0.0949
8	0.1153	0.1085	0.1021	0.0962	0.0906	0.0854	0.0806	0.0760	0.0718	0.0678
9	0.0880	0.0822	0.0768	0.0718	0.0671	0.0628	0.0588	0.0551	0.0516	0.0484
10	0.0672	0.0623	0.0577	0.0536	0.0497	0.0462	0.0429	0.0399	0.0371	0.0346

年金現価係数表（年金現価表）　　$\dfrac{(1+r)^n - 1}{r(1+r)^n}$

n＼r	1 %	2 %	3 %	4 %	5 %	6 %	7 %	8 %	9 %	10%
1	0.9901	0.9804	0.9709	0.9615	0.9524	0.9434	0.9346	0.9259	0.9174	0.9091
2	1.9704	1.9416	1.9135	1.8861	1.8594	1.8334	1.8080	1.7833	1.7591	1.7355
3	2.9410	2.8839	2.8286	2.7751	2.7232	2.6730	2.6243	2.5771	2.5313	2.4869
4	3.9020	3.8077	3.7171	3.6299	3.5460	3.4651	3.3872	3.3121	3.2397	3.1699
5	4.8534	4.7135	4.5797	4.4518	4.3295	4.2124	4.1002	3.9927	3.8897	3.7908
6	5.7955	5.6014	5.4172	5.2421	5.0757	4.9173	4.7665	4.6229	4.4859	4.3553
7	6.7282	6.4720	6.2303	6.0021	5.7864	5.5824	5.3893	5.2064	5.0330	4.8684
8	7.6517	7.3255	7.0197	6.7327	6.4632	6.2098	5.9731	5.7466	5.5348	5.3349
9	8.5660	8.1622	7.7861	7.4353	7.1078	6.8017	6.5152	6.2469	5.9952	5.7590
10	9.4713	8.9826	8.5302	8.1109	7.7217	7.3601	7.0236	6.7101	6.4177	6.1446

n＼r	11%	12%	13%	14%	15%	16%	17%	18%	19%	20%
1	0.9009	0.8929	0.8850	0.8772	0.8696	0.8621	0.8547	0.8475	0.8403	0.8333
2	1.7125	1.6901	1.6681	1.6467	1.6257	1.6052	1.5852	1.5656	1.5465	1.5278
3	2.4437	2.4018	2.3612	2.3216	2.2832	2.2459	2.2096	2.1743	2.1399	2.1065
4	3.1024	3.0373	2.9745	2.9137	2.8550	2.7982	2.7432	2.6901	2.6386	2.5887
5	3.6959	3.6048	3.5172	3.4331	3.3522	3.2743	3.1993	3.1272	3.0576	2.9906
6	4.2305	4.1114	3.9975	3.8887	3.7845	3.6847	3.5892	3.4976	3.4098	3.3255
7	4.7122	4.5638	4.4226	4.2883	4.1604	4.0386	3.9224	3.8115	3.7057	3.6046
8	5.1461	4.9676	4.7988	4.6389	4.4873	4.3436	4.2072	4.0776	3.9544	3.8372
9	5.5370	5.3282	5.1317	4.9464	4.7716	4.6065	4.4506	4.3030	4.1633	4.0310
10	5.8892	5.6502	5.4262	5.2161	5.0188	4.8332	4.6586	4.4941	4.3389	4.1925

n＼r	21%	22%	23%	24%	25%	26%	27%	28%	29%	30%
1	0.8264	0.8197	0.8130	0.8065	0.8000	0.7937	0.7874	0.7813	0.7752	0.7692
2	1.5095	1.4915	1.4740	1.4568	1.4400	1.4235	1.4074	1.3916	1.3761	1.3609
3	2.0739	2.0422	2.0114	1.9813	1.9520	1.9234	1.8956	1.8684	1.8420	1.8161
4	2.5404	2.4936	2.4438	2.4043	2.3616	2.3202	2.2800	2.2410	2.2031	2.1662
5	2.9260	2.8636	2.8035	2.7454	2.6893	2.6351	2.5827	2.5320	2.4830	2.4356
6	3.2446	3.1669	3.0923	3.0205	2.9514	2.8850	2.8210	2.7594	2.7000	2.6427
7	3.5079	3.4155	3.3270	3.2423	3.1611	3.0833	3.0087	2.9370	2.8682	2.8021
8	3.7256	3.6193	3.5179	3.4212	3.3289	3.2407	3.1564	3.0758	2.9986	2.9247
9	3.9054	3.7863	3.6731	3.5655	3.4631	3.3657	3.2728	3.1842	3.0997	3.0190
10	4.0541	3.9232	3.7993	3.6819	3.5705	3.4648	3.3644	3.2689	3.1781	3.0915

n＼r	31%	32%	33%	34%	35%	36%	37%	38%	39%	40%
1	0.7634	0.7576	0.7519	0.7463	0.7407	0.7353	0.7299	0.7246	0.7194	0.7143
2	1.3461	1.3315	1.3172	1.3032	1.2894	1.2760	1.2627	1.2497	1.2370	1.2245
3	1.7909	1.7663	1.7423	1.7188	1.6859	1.6735	1.6516	1.6302	1.6063	1.5889
4	2.1305	2.0957	2.0618	2.0290	1.9969	1.9658	1.9355	1.9060	1.8772	1.8492
5	2.3897	2.3452	2.3021	2.2604	2.2200	2.1807	2.1427	2.1058	2.0699	2.0352
6	2.5875	2.5342	2.4828	2.4331	2.3852	2.3388	2.2939	2.2506	2.2086	2.1680
7	2.7368	2.6775	2.6187	2.5620	2.5075	2.4550	2.4043	2.3555	2.3083	2.2628
8	2.8539	2.7860	2.7208	2.6582	2.5982	2.5404	2.4849	2.4315	2.3801	2.3306
9	2.9419	2.8681	2.7976	2.7300	2.6653	2.6033	2.5437	2.4866	2.4317	2.3790
10	3.0091	2.9304	2.8553	2.7836	2.7150	2.6495	2.5867	2.5265	2.4689	2.4136

資本回収係数表 $\dfrac{r(1+r)^n}{(1+r)^n-1}$

n \ r	1 %	2 %	3 %	4 %	5 %	6 %	7 %	8 %	9 %	10%
1	1.0100	1.0200	1.0300	1.0400	1.0500	1.0600	1.07000	1.0800	1.0900	1.1000
2	0.5075	0.5150	0.5226	0.5302	0.5378	0.5454	0.5531	0.5608	0.5685	0.5762
3	0.3400	0.3468	0.3535	0.3603	0.3672	0.3741	0.3811	0.3880	0.3951	0.4021
4	0.2563	0.2626	0.2690	0.2755	0.2820	0.2886	0.2952	0.3019	0.3087	0.3155
5	0.2060	0.2122	0.2184	0.2246	0.2310	0.2374	0.2439	0.2505	0.2571	0.2638
6	0.1726	0.1785	0.1846	0.1908	0.1970	0.2034	0.2098	0.2163	0.2229	0.2296
7	0.1486	0.1545	0.1605	0.1666	0.1728	0.1791	0.1856	0.1921	0.1987	0.2054
8	0.1307	0.1365	0.1425	0.1485	0.1547	0.1610	0.1675	0.1740	0.1807	0.1874
9	0.1167	0.1225	0.1284	0.1345	0.1407	0.1470	0.1535	0.1601	0.1668	0.1736
10	0.1056	0.1113	0.1172	0.1233	0.1295	0.1359	0.1424	0.1490	0.1558	0.1627

n \ r	11%	12%	13%	14%	15%	16%	17%	18%	19%	20%
1	1.1100	1.1200	1.1300	1.1400	1.1500	1.1600	1.1700	1.1800	1.1900	1.2000
2	0.5840	0.5917	0.5995	0.6073	0.6151	0.6230	0.6308	0.6387	0.6466	0.6546
3	0.4092	0.4164	0.4235	0.4307	0.4380	0.4453	0.4526	0.4599	0.4673	0.4747
4	0.3223	0.3292	0.3362	0.3432	0.3503	0.3574	0.3645	0.3717	0.3790	0.3863
5	0.2706	0.2774	0.2843	0.2913	0.2983	0.3054	0.3126	0.3198	0.3271	0.3344
6	0.2364	0.2432	0.2502	0.2572	0.2642	0.2714	0.2786	0.2859	0.2933	0.3007
7	0.2122	0.2191	0.2261	0.2332	0.2404	0.2476	0.2550	0.2624	0.2699	0.2774
8	0.1943	0.2013	0.2084	0.2156	0.2229	0.2302	0.2377	0.2452	0.2529	0.2606
9	0.1806	0.1877	0.1949	0.2022	0.2096	0.2171	0.2247	0.2324	0.2402	0.2481
10	0.1698	0.1770	0.1843	0.1917	0.1993	0.2069	0.2147	0.2225	0.2305	0.2385

n \ r	21%	22%	23%	24%	25%	26%	27%	28%	29%	30%
1	1.2100	1.2200	1.2300	1.2400	1.2500	1.2600	1.2700	1.2800	1.2900	1.3000
2	0.6626	0.6708	0.6783	0.6861	0.6941	0.7022	0.7105	0.7189	0.7267	0.7348
3	0.4820	0.4896	0.4971	0.5074	0.5123	0.5201	0.5276	0.5352	0.5428	0.5506
4	0.3936	0.4011	0.4084	0.4160	0.4253	0.4311	0.4386	0.4463	0.4539	0.4616
5	0.3417	0.3492	0.3587	0.3542	0.3718	0.3795	0.3872	0.3949	0.4028	0.4106
6	0.3082	0.3152	0.3234	0.3311	0.3388	0.3466	0.3545	0.3624	0.3704	0.3784
7	0.2851	0.2928	0.3006	0.3084	0.3163	0.3243	0.3324	0.3405	0.3486	0.3569
8	0.2684	0.2763	0.2843	0.2923	0.3004	0.3086	0.3168	0.3251	0.3335	0.3419
9	0.2561	0.2641	0.2722	0.2805	0.2888	0.2971	0.3055	0.3141	0.3226	0.3312
10	0.2467	0.2549	0.2632	0.2716	0.2801	0.2886	0.2972	0.3059	0.3147	0.3235

◇参考文献◇

石塚博司共著『意思決定の財務情報分析』国元書房

大塚宗春著『意思決定会計講義ノート』税務経理協会

岡本清著『原価計算（六訂版)』国元書房

岡本清、廣本敏郎、尾畑裕、挽文子著『管理会計（第二版)』中央経済社

上總康行著『管理会計論』新世社

刈屋武明監修、山本大輔著『入門リアル・オプション』東洋経済新報社

小林健吾著『直接原価計算』同文館

小林啓孝、伊藤嘉博、清水孝、長谷川惠一著『スタンダード管理会計』東洋経済新報社

櫻井通晴著『管理会計（第四版)』同文舘出版

櫻井通晴著『管理会計辞典』同文舘出版

櫻井通晴著『経営原価計算論（増補版)』中央経済社

櫻井通晴著『原価計算　理論と計算』税務経理協会

戸田龍介編著『農業発展に向けた簿記の役割―農業者のモデル別と分析と提言―』中央
　経済社

日本管理会計学会編『管理会計学大辞典』中央経済社

廣本敏郎著『原価計算論（第2版)』中央経済社

松田藤四郎、稲本志良『農業会計の新展開』農林統計協会

宮本寛爾、小菅正伸著『管理会計概論』中央経済社

山本浩二、小倉昇、尾畑裕、小菅正伸、中村博之編著『スタンダードテキスト管理会
　計』中央経済社

以　上

さくいん

ま行

や行

ら行

わ行

おわりに

　この本を出版するにあたり、関係者の皆様の御支援、御協力に感謝申し上げます。

　本書は、学校法人大原簿記学校講師の野島一彦氏、保田順慶氏と、当協会会長で税理士の森剛一、当協会会員で税理士の西山由美子とが、商業簿記・工業簿記を基礎に構築されている現行の会計理論を農業の現場で具体的かつ実用的に適用することを目標に、時間をかけて議論を重ねて執筆されたものです。また、京都大学大学院農学研究科教授（当時）小田滋晃先生には、学術的な観点からのご指摘・ご指導を仰ぎ、多大なる御協力をいただきました。

　本書の出版が、学校法人大原簿記学校及び大原出版株式会社の多大なる御支援、御協力によって実現できましたことを厚く御礼申し上げます。この「農業簿記教科書1級」を多くの農業関係者に学習していただくことで、農企業の高度な計数管理を実現し、今後の日本の農業の発展に寄与することを願ってやみません。

　2022年12月

一般社団法人 全国農業経営コンサルタント協会

──────本書のお問い合わせ先──────

一般社団法人 全国農業経営コンサルタント協会 事務局
〒102-0084
東京都千代田区二番町9-8　中労基協ビル1F
Tel 03-6673-4771　　Fax 03-6673-4841
E-mail：inf@agri-consul.jp
ＨＰ：https://www.agri-consul.jp/

農業簿記検定教科書　1級（管理会計編）第2版

■発行年月日　2015年9月5日　初版発行
　　　　　　　2022年12月1日　2版2刷発行

■著　　　者　一般社団法人 全国農業経営コンサルタント協会
　　　　　　　学校法人 大原学園大原簿記学校

■発　行　所　大原出版株式会社

　　　　　　　〒101-0065
　　　　　　　東京都千代田区西神田1-2-10
　　　　　　　TEL　03-3292-6654

■印刷・製本　株式会社　メディオ